Innovation Studies

기술혁신이란 무엇인가

송성수

생각의힘

차례

머리말

이 책의 화두는 기술혁신이다. 기술혁신은 "기술혁신만이 살 길이다.", "이제는 혁신주도형 성장이다."라는 식으로 우리나라의 장래를 걱정할 때 자주 등장하는 용어이다. 하지만 정말 기술혁신이 무엇인지, 그리고 그것이 어떤 의미를 가지는지에 대해 답하기란 쉽지 않다. 이 책에서 필자는 기술혁신이라는 코끼리에 도전하고자 한다. 장님이 코끼리를 만지면서 코끼리에 대해 논하는 것과 마찬가지이다. 왜냐하면 필자도 기술혁신을 전공하지는 않았기 때문이다. 굳이 말하자면 부전공이라고나 할까?

기술혁신에 대한 학문적 논의는 '기술혁신학(innovation studies)'

이라고 할 수 있다. 그러나 컴퓨터 화면에 기술혁신학이라는 단어를 치면 글자 밑에 빨간 줄이 표시될 정도로 아직은 용어로써 충분히 정착되지 않았다. 대신에 우리나라에서는 '기술혁신연구'라는 용어가 자주 사용되고 있는데, 이제는 과학기술학(science and technology studies), 여성학(women's studies), 지역학(area studies) 등 다른 학제적 분야들과 마찬가지로, '연구' 대신에 '학'을 써서 체계를 바로 잡고 널리 퍼트려야 할 것으로 판단된다.

기술혁신학은 기술혁신에 대한 사회과학적 접근을 통칭하는 것으로 기술경영학, 기술경제학, 과학기술정책학 등을 포괄한다. 이 책의 목적은 기술혁신학의 가장 기초가 되는 주제를 살펴보는 데 있다.

이 책은 기술혁신에 관한 기존 논의를 적절히 종합한 것에 불과하지만, 필자 나름대로의 노력을 기울인 것도 사실이다. 필자는 기술혁신과 관련된 주요 개념이나 이론을 가급적 쉽게 풀어 쓰면서도 정확한 의미를 놓치지 않으려고 애썼다. 이와 함께 해당 개념이나 이론이 제기되는 맥락을 고려하고 그 의의를 드러내고자 하였다. 물론 이러한 의도가 잘 실현되었는지에 대한 판단은 전적으로 독자의 몫이다. 다만 이 책을 꼼꼼히 읽은 독자라면, 이 책에도 약간의 점진적 혁신(?)이 있다는 점을 발견할 수 있을 것이다.

이 책은 필자의 강의를 정리한 것이기도 하다. 부산대학교에는 일반대학원 계약학과의 형태로 2006년에 기술사업정책 전공이 만들어졌고, 필자는 2007년부터 '기술정책'이란 과목을 강의하고 있다. 필자는 이 강의에서 과학기술정책의 이론적 기초로 기술혁신 이론을 다루어 왔는데, 어느 순간부터 강의 내용을 과학기술이나 기술혁신에 관심이 있는 독자들과 공유해야겠다는 욕심을 가지게 되었다.

마지막으로 이 책의 참고문헌에 수록된 좋은 책들을 집필해 주신 선배 연구자들께 고개를 숙인다. 특별히 이근 교수님, 정선양 교수님, 송위진 박사님께는 이 책을 준비하면서 더욱 존경심을 갖게 되었다는 말씀을 드리고 싶다. 필자의 수업에 열심히 참여해 준 부산대학교 기술사업정책 대학원의 늦깎이 학생들에게도 감사드린다. 그들 덕분에 최상의 학습 방법이 가르치는 데 있다는 것을 실감할 수 있었다. 그중에서 필자의 1호 박사인 채준원은 이 책에 있는 그림을 그려 주고 초고를 검토하는 수고를 아끼지 않았다. 마지막으로 필자의 잡스러운 취향을 잘 헤아려 주는 생각의힘 김병준 대표와 우리 집의 이윤주 마님께도 감사의 마음을 전한다.

송성수

1.
과학과 기술에
다가가기

— 우리는 어떤 현상이나 개념을 이해할 때 그것을 정의하고 싶어 한다. 그러나 문제는 간단하지 않다. 예를 들어 "사랑이란 무엇인가"라는 질문을 받았다고 해 보자. 쉽게 대답할 수 있을까? 금방 대답하기도 어려울 뿐더러 그 내용도 사람마다 다를 것이다. 과학과 기술의 경우에도 마찬가지이다. 명쾌하게 정의하고 싶지만 부분적인 설명에 그치는 경우가 대부분이다. 하지만 이러한 한계를 완전히 극복할 수는 없다고 하더라도 과학과 기술의 대표적인 측면들을 다각도로 고려하는 것은 가능하다. 이를 통해 우리는 과학과 기술의 실체에 보다 가까이 다가갈 수 있을 것이다.[1]

---

1 1장의 논의는 송성수(2004); 최경희, 송성수(2009, 27~33)를 부분적으로 보완한 것이다.

과학이란 무엇인가

—   과학은 '안다'라는 뜻의 라틴어인 '스키엔티아(scientia)'에서 파생된 용어로 18세기 이후에야 널리 사용되기 시작하였다. 과학이 학문 전체를 뜻하는 철학에서 분리·독립된 이후에 과학이란 용어가 본격적으로 사용된 것이다. 과학자의 경우도 마찬가지이다. 과학자라는 용어는 1833년에 휴얼(William Whewell)이 처음 사용한 것으로 전해진다. 이전과 달리 과학 활동에 전념하는 것만으로도 생계를 유지할 수 있고 사회에 공헌할 수 있는 사람들이 점차 많아졌기 때문이다. 과학이나 과학자라는 용어가 나오기 전에는 자연철학이나 자연철학자라는 말이 주로 사용되었다. 근대과학의 출현을 상징하는

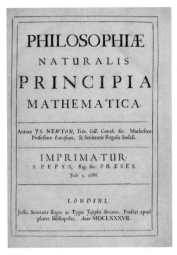

| 1687년에 발간된 『프린키피아』
  초판의 표지

작품으로 여겨지는 뉴턴(Isaac Newton)의 『프린키피아(*Principia*)』의 전체 제목도 '자연철학의 수학적 원리'이다.

과학이라고 하면 우리는 상대성이론이나 진화론과 같은 이론을 떠올린다. 여기에 과학의 중요한 측면이 있다. 그것은 '지식으로서의 과학(science as knowledge)'이라는 점이다. 과학은 여러 가지 현상을 설명하는 지식의 체계인 것이다. 그리고 그 현상의 성격에 따라 자연과학과 사회과학으로 분류된다. 자연현상을 설명하는 지식은 자연과학이고 사회현상을 설명하는 지식은 사회과학이다. 일반적으로 과학은 자연과학을 지칭한다.

과학지식에도 여러 형태가 있다. 부분적인 현상을 설명하는 지식이 있는 반면 여러 현상을 포괄적으로 설명하는 지식도 있다. 기체의 용해도가 압력에 비례하고 온도에 반비례한다는 법칙은 전자의 예이고, 물체의 가속도가 힘에 비례하고 질량에 반비례한다는 법칙은 후자의 예이다. 또한 과학지식은 시험된 정도에 따라 가설에 머물기도 하고 이론으로 발전하기도 한다. 예를 들어 플랑크(Max Planck)가 1900년에 에너지의 불연속성을 주장하였을 때 이 주장은 양자가설에 불과하였지만, 이후에 다른 현상에도 적용되고 여러 시험을 거치면서 양자이론 또는 양자역학으로 발전하였다. 물론 세상에 완벽한 이론은 존재하지 않기 때문에 모든 이론이 가설의 지위를 가진다는 주장도 있다.

이처럼 지식에는 다양한 형태가 존재하기 때문에 많은 사람들은 모든 과학에 적용될 수 있는 본질을 다른 측면에서 찾고자 하였다. 여기에서 우리는 과학의 두 번째 측면인 '방법으로서의 과학(science as method)'을 논의할 수 있다. 과학이 자연세계에 대한 단순한 설명이 아니라 체계적인 설명으로 간주되는 까닭은 과학에 독특한 방법이 있기 때문이다. 이를 달리 해석하면 그러한 방법을 가지고 있으면 과학이고 그렇지 못하면 과학이 아니라는 것이다.

과학적 방법으로 가장 많이 거론되는 것은 실험 또는 관찰이다. 실험이나 관찰에 의해 충분한 데이터를 확보한 후 가설이나 이론을 만들고 그것을 다시 다른 실험이나 관찰에 의해 확인하는 것은 과학을 하는 가장 기본적인 방법으로 간주되고 있다. 또한 과학은 가능한 수학적으로 표현할 것을 요구한다. 과학은 사변적이고 정성적인 고찰보다는 정량적인 데이터에 입각한 수학적 표현을 중시한다. 다른 학문에 비해 과학에서 실험과 수학에 대한 교육이 중시되는 것도 이러한 맥락에서 이해할 수 있다. 과학의 구체적인 방법론은 실험이나 관찰의 기반인 사실과 수학의 핵심인 논리가 조합되는 방식에 따라 귀납법, 연역법, 가설연역법 등으로 분류할 수 있다.

이상과 같은 과학의 두 가지 측면 사이에는 묘한 긴장이 존재한다. 예를 들어 이론과 실험 중에 어떤 것이 과학에서 본질적인가 하는 문제를 생각해 보자. 이론을 과학의 본질로 간주하게 되면 실험의 역할은 이론 형성에 필요한 데이터를 제공하거나 이론을 검증 또는 반증하는 부수적인 수단에 지나지 않는다. 그러나 실제로 과학자들이 데이터를 얻어내고 이를 해석하는 과정은 매우 복잡하다. 또한 과학자들이 이론을 검증하기 위해서만 실험을 하는 것도 아니다. 실험이 새로운 이론을 구성하는 출발점으로 작용하는 경우도 많기 때문이다. 그렇다면 실험을 이론에 종속된 것이 아니라 독자적인 삶을 가지는 존재로 간주하는 것이 합당하다.

이러한 논의는 과학의 세 번째 측면인 '실천으로서의 과학(science as practice)'으로 연결된다. 그것은 과학의 최종적인 결과물보다는 과학이 실제로 행해지는 과정에 주목한다. 과학자들이 실제로 수행하는 모든 행위가 과학이라는 것이다. 여기에서는 미지의 현상을 발견하거나 새로운 현상을 만들어 내기 위해 과학자들이 어떤 활동을 벌이고 있는가 하는 것이 중요한 관심사가 된다. 과학 활동이 이루어지는 과정에서는 한 사회의 제도적·문화적 배경도 중요한 역할을 담당한다. 실천으로서의 과학에 주목함으로써 우리는 과학을 사회와 보다 직접적으로 연결시켜 논의할 수 있다.

많은 경우에 과학자는 과학의 세 측면에 모두 관여한다. 16~17세기의 유명한 과학자인 갈릴레오 갈릴레이(Galileo Galilei)[2]의 경우를 살펴보자. 갈릴레오는 낙하운동에 대한 법칙과 운동의 상대성이나 관성과 같은 개념을 알아낸 사람이다. 그는 이러한 과학적 지식을 정립하는 과정에서 자연현상을 수학적으로 서술하는 방법을 중시하였으며 사고실험이나 확인실험

---

2 지역에 따라 차이는 있지만, 17세기 이전에는 성(姓)보다는 이름이 중시되었으므로, 갈릴레오 갈릴레이를 줄여서 쓸 때에는 '갈릴레오'라고 하는 것이 적합하다. 레오나르도 다빈치(Leonardo da Vinci)는 '빈치 마을의 레오나르도'라는 뜻이므로 '다빈치'보다는 '레오나르도'가 적절한 줄임말이다.

과 같은 초보적 형태의 실험적 방법을 사용하였다. 동시에 갈릴
레오는 자신이 만든 망원경을 통해 태양중심설(지동설)에 대한
증거를 수집하여 이를 적극적으로 선전하였고 결국에는 종교
재판에 회부되기도 하였다. 이처럼 갈릴레오의 과학에는 지식,
방법, 실천이 모두 녹아 있었던 것이다.

이상과 같은 과학의 세 가지 측면 이외에 다른 측면을 강조하
는 경우도 있다. 세계관으로서의 과학, 제도로서의 과학, 직업으
로서의 과학, 문화로서의 과학 등이 대표적인 예이다. 과학교육
학의 경우에는 과학적 이론이나 방법뿐 아니라 과학에 대한 태
도도 강조하고 있다. 과학의 어떤 측면을 강조할 것인가 하는 문
제는 논의의 맥락에 따라 달라지겠지만 적어도 앞서 언급한 세
가지 측면은 과학을 구성하는 필수적인 요소라고 할 수 있다.

좋은 과학이론이란?

『과학혁명의 구조(The Structure of Scientific Revolutions)』에서 패러다임
(paradigm)의 개념을 주창한 것으로 유명한 쿤(Thomas S. Kuhn)은 우수한
과학이론을 선택하는 기준으로 정확성, 일관성, 넓은 적용범위, 단순성,
다산성(fruitfulness) 등의 5가지를 제안한 바 있다. "첫째, 이론은 정확해야
한다. 즉 이론으로부터 연역되는 결과가 현존의 실험결과나 관찰결과와
일치해야 한다. 둘째, 이론은 일관되어야 한다. 즉 이론 내적으로도 그

렇고 그 이론과 관련성이 있으면서 일반적으로 받아들여지고 있는 다른 이론들과도 일관성을 가져야 한다. 셋째, 이론은 그 적용범위가 광범위해야 하는데, 특히 이론의 결과는 애초에 설명하려고 하였던 특정 관찰결과나 법칙, 하위이론들을 뛰어넘어서 확장되어야 한다. 넷째, 이론은 단순해야 한다. 그래서 그 이론이 발견되지 않았다면 개별적으로 고립되거나 혼란스러웠을 현상들을 질서정연하게 정리할 수 있어야 한다. 다섯째, 이론은 새로운 연구결과를 생산할 수 있어야 한다. 즉 새로운 현상을 발견하거나 이미 알려진 현상들 간의 미처 알려지지 않은 관계들을 발견해야 한다."(Kuhn 1977, 321~322). 이에 대해 과학기술인류학자인 헤스(David J. Hess)는 과학철학에서 논의된 이론 선택의 기준은 과학 내적인 기준에 해당하며, 과학이론이 사회적으로 얼마나 유용한가, 다른 이론에 비해 사회적 편향을 얼마나 줄이고 있는가 등과 같은 사회적 기준도 중요하게 고려되어야 한다고 주장하고 있다(Hess 2004, 21~103).

기술이란 무엇인가

—   '기술'의 어원은 그리스어인 '테크네(techne)'이다. 테크네는 인간 정신의 외적인 것을 생산하기 위한 실천을 뜻한다. 옛날 사람들은 과학을 인간 정신의 일부로 생각하였던 반면 기술은 인간 정신의 밖에 있는 것으로 간주하였던 것이다. 테크네는 오늘날의 기술 이외에도 예술과 의술을

포함한 넓은 의미를 가졌는데, 19세기를 전후하여 인류가 산업화를 경험하면서 기술의 의미는 오늘날과 같이 물질적 재화나 서비스를 만들어 내는 것으로 구체화되었다.

기술이라고 하면 우리는 무엇을 연상하는가? 아마도 전화, 자동차, 컴퓨터, 반도체 등을 떠올릴 것이다. 여기에 기술의 첫 번째 측면인 '인공물로서의 기술(technology as artifact)'이 있다. 인공물을 풀이하면 '인공적 물체'를 뜻한다. 기술은 인간의 감각으로 느낄 수 있는 물리적 실체이다. 눈으로 볼 수 없고 손으로 만질 수 없는 것을 기술이라고 하는 사람은 거의 없다. 또한 기술은 인공적으로 만들어진 것이다. 우리가 천연고무는 기술이라고 하지 않지만 그 고무를 가지고 만든 타이어는 기술이라고 간주하는 것도 이 때문이다.

인공물로서의 기술에도 여러 차원이 존재한다. 기술은 간단한 구성요소에서 복잡한 시스템에 이르는 다양한 형태를 보인다. 예를 들어 타이어는 그 자체로 독자적인 기술이지만 자동차라는 기술의 부품으로도 활용된다. 타이어가 구성요소라면 자동차는 시스템인 셈이다. 또한 개별적인 기술이 있는 반면 여러 기술을 포괄하는 개념도 있다. 도르래와 압연기가 전자에 해당한다면 도구와 기계는 후자에 해당한다. 도구와 기계에도 차이가 있다. 도구의 경우에는 생물체가 동력원이 되고 인간이 중심이 되지만 기계의 경우에는 인공적인 동력을 사용하고 인간이 기계에 종속될 수 있다.

기술의 두 번째 측면으로는 '지식으로서의 기술(technology as

knowledge)'을 들 수 있다. 어떤 사람들은 기술이라는 단어에 논리를 뜻하는 접미사인 'logy'가 붙어 있다는 점에 주목한다. 인공물을 만들고 사용하는 데에도 특정한 논리와 지식이 요구된다는 것이다. 기술의 이러한 측면은 오랫동안 낮게 평가되어 왔다. 옛날 기술자들은 논문을 발표하기는커녕 자신의 활동을 기록하지도 않았기 때문이다. 이보다 더욱 중요한 이유는 기술지식은 글이나 말로 표현하기 어렵고 사람들 사이의 접촉을 통해 전수되는 암묵적 성격이 강하다는 점에서 찾을 수 있다. 또한 기술지식은 문자 이외에도 그림이나 설계도와 같은 시각적 형태를 통해 표현되는 경우가 많다. 즉 기술지식은 암묵적 지식(tacit knowledge)이나 시각적 지식(visual knowledge)의 성격을 가지고 있다.

기술지식의 근대적인 형태가 바로 '공학(engineering)'이다. 과학이 기술에 응용됨으로써 공학이 출현하였다는 견해도 있지만 실제적인 과정은 그렇게 간단하지 않다. 공학은 과학을 중요한 모델 중의 하나로 삼았지만 과학이 기계적으로 적용된 것은 아니었다. 예를 들어 재료나 구조물에 대한 공학은 단순한 힘(force)이 아니라 단위면적에 작용하는 힘을 뜻하는 응력(stress)을 중시한다. 과학에서의 힘이 공학에서는 응력으로 '변역'된 것이다. 외국어를 우리말로 잘 번역하기 위해서는 외국어도 잘 알아야 하지만 우리말도 잘 알아야 하는 것처럼, 공학이 출현하는 과정에서도 기존의 과학을 실제 상황에 적합하도록 변형하고 체계화하려는 사람들의 적극적인 실천이 중요한 역할을 담당하였다.

이러한 논의는 기술의 세 번째 측면인 '활동으로서의 기술 (technology as activity)'로 연결될 수 있다. 기술에는 그것을 만든 사람들의 활동과 그것을 활용하는 사람들의 활동이 녹아 있다. 기술의 생산자, 즉 기술자의 부단한 노력이 없었다면 오늘날과 같이 풍부한 기술의 세계는 존재하지 않았을 것이다. 또한 아무리 좋은 인공물이 있어도 널리 사용되지 않는다면 그 의미는 크게 줄어들기 마련이다. 컴퓨터를 사다 놓고 한 번도 사용하지 않는다면 그것은 고철덩어리와 다를 바 없다. 활동으로서의 기술에 주목함으로써 우리는 기술이 인간과 무관한 것이 아니라 인간 세계와의 상호작용 속에서 변화된다는 점을 포착할 수 있다.

기술자는 과학자보다 더욱 이질적인 사람으로 구성되어 있다. 기술자를 대표하는 집단은 장인(artisan), 발명가(inventor), 엔지니어(engineer) 등으로 변해 왔다. 18세기까지 기술자는 장인의 성격을 띠었고 그들은 기술은 물론 예술을 비롯한 다른 활동을 병행하는 경우가 많았다. 19세기 이후에는 발명을 전업으로 하는 전문가 집단이 출현하였고 그들은 자신의 발명을 바탕으로 기업을 설립하기도 하였다. 전자의 대표적인 예로는 레오나르도 다빈치를, 후자의 대표적인 예로는 에디슨(Thomas A. Edison)을 들 수 있다. 오늘날의 기술자를 대표하는 집단은 엔지니어로서 그들은 대부분 대학 이상의 고등교육을 받으며 기업, 연구소, 대학 등의 다양한 공간에서 활동하고 있다.[3]

이상에서 살펴본 기술의 측면에 대한 논의를 기술이전의 문제에 적용해 보면 흥미로운 점을 발견할 수 있다. 가령 후발국이 선진국으로부터 자동차 기술을 배운다고 생각해 보자. 완성된 자동차를 도입하여 그것을 분해하고 해석함으로써 자동차에 대한 기술을 확보할 수 있다.[4] 이 경우에는 인공물의 이전으로 기술이전이 끝난다. 자동차에 대한 지식과 기술자가 확보되어 있기 때문이다. 그러나 그것으로 부족할 경우에는 서적이나 설계도 등을 통해 자동차에 대한 지식이 이전되어야 한다. 이것으로도 기술을 익힐 수 없는 경우에는 선진국의 기술자를 활용하거나 영입해야 한다. 이와 같이 기술이전은 인공물의 단계에서 완결될 수도 있고 그렇지 못한 경우에는 지식의 단계나 사람의 단계까지 확대되어야 한다.

이처럼 기술은 인공물, 지식, 활동의 세 가지 측면을 가지고 있다. 이러한 측면 이외에 다른 측면을 강조하는 경우도 있다. 기술의 본질을 의사소통에서 찾는 사람도 있고 기술에 대한 경영을 강조하거나 기술의 문화적 차원에 주목하는 사람도 있다. 또 기술이 세상을 특정한 방식으로 바꾸려는 의지(volition)를 가진다고 주장하는 사람도 있다. 이처럼 기술의 개념은 다양한 방

---

3 오늘날에도 기술에 종사하는 사람들을 다양한 용어로 지칭하고 있다. 숙련공(craftsman), 기능공(technician), 중견기술자(technologist), 엔지니어 등이 그러한 예이다. 이들은 모두 기술 활동을 담당하고 있지만 학력이나 자격에서 차이를 보인다. 단순화의 위험을 무릅쓰고 간단히 정의하자면, 숙련공은 해당 기술에 숙달된 사람으로 학력과는 무관하고, 기능공은 공업계 고등학교, 중견기술자는 전문대학, 엔지니어는 대학을 졸업하거나 이에 상응한 자격을 갖춘 사람에 해당한다.

4 이러한 방식으로 기술을 개발하는 것을 '역행 엔지니어링(reverse engineering)'이라고 한다.

식으로 확장될 수 있지만 적어도 앞서 언급한 세 가지 측면은 기술을 구성하는 필수적인 요소라고 할 수 있다.

기술의 성격에 대한 크란츠버그의 법칙

기술사 연구에 대한 선구자 중의 한 사람인 크란츠버그(Melvin Kranzberg)는 기술의 성격에 대하여 다음과 같은 6가지 법칙을 제안한 바 있다(Kranzberg 1986). 첫째, 기술은 선하지도 악하지도 않으며 중립적이지도 않다. 둘째, [필요는 발명의 어머니가 아니고] 발명이 필요의 어머니이다. 셋째, 기술은 크든 작든 다발(package)로 온다. 넷째, 비록 기술이 많은 공공 이슈에서 주요한 요소인지는 모르지만, 기술정책에 대한 의사결정에서는 비(非)기술적인 요소가 우선시된다. 다섯째, 모든 역사가 [오늘날의 사회와] 상관성이 있지만, 기술의 역사는 가장 상관성이 크다. 여섯째, 기술은 매우 인간적인 활동이며, 기술의 역사도 마찬가지이다.

과학과 기술은 별개인가

—   과학과 기술은 어느 정도 관련되어 있는가? 과학과 기술이 전혀 다른 존재라는 주장이 있는 반면에, 과학과 기술이 밀접하게 연관되어 있다는 주장도 있다. 과학과 기술이 본질적으로 같은지 다른지를 명료하게 판단하기

는 쉽지 않다. 자연과학대학의 과학자와 공과대학의 공학자는 과학과 기술의 차이를 강조하는 경향이 있지만, 다른 외부인의 시각에서는 과학과 기술의 공통점이 더욱 부각될 수도 있다. 또한 과학과 기술의 연관성에 주목하는 경우에도 과학을 우선시하는 사람도 있고 기술을 중시하는 사람도 있다.[5]

원리적으로 과학과 기술을 구분하는 것은 가능하지만 실제적으로는 과학과 기술 모두 유사한 문제를 탐구하는 경우가 많다. 오늘날의 과학 활동은 종종 일반적인 이론보다는 데이터의 분석이나 기법의 개발에 초점을 두고 있으며, 기술시스템이 점점 거대화되고 정교해짐에 따라 과학에 대한 이해가 기술 활동의 필수조건으로 작용하고 있다. 게다가 "과학자는 학계에 있고 기술자는 산업계에 있다."라는 공간적 분리에 대한 가정도 더 이상 적절하지 않다. 많은 과학자들이 기술개발을 위해 기업체에서 활동하고 있으며 과학의 꽃으로 불리는 노벨상도 기업체 출신이 수상하는 경우가 늘어나고 있기 때문이다.

그러나 과학과 기술은 영역, 방법, 가치 등에서 상당한 차이를 보이고 있다. 과학은 소립자에서 우주에 이르는 모든 세계를 다루고 있지만, 기술이 다루는 영역은 인간의 감각으로 알 수 있는 것에 국한되는 경향이 있다. 예를 들어 과학자들은 원자 모형이나 우주 모형을 만드는 데 반해, 기술자들은 엔진 모형이나 플랜트 모형을 만든다. 또한 동일한 종류의 실험을 하는 경

---

5 과학과 기술의 관계에 대한 흥미로운 고찰로는 Rosenberg(2001, 214~240); 홍성욱
(1999)을 들 수 있다.

우에도 기술에서는 대상을 축소하거나 변수를 임의로 고정시키기도 하지만 과학에서는 거의 그렇지 않다. 더 나아가 과학을 평가하는 주요 기준은 자연현상에 대한 설명력에서 찾을 수 있는 반면, 기술의 경우에는 효율성(efficiency)이 중요한 잣대로 작용한다.

그렇다고 해서 과학과 기술이 본질적으로 다르다는 견해도 지지되기 힘들다(홍성욱 1999, 196~198). 어떤 사람들은 과학과 기술의 대상이 전혀 다르며, 과학은 자연적 세계를, 기술은 인공적 세계를 다룬다고 주장한다. 그러나 많은 경우에 과학의 대상은 자연 그대로의 자연이 아닌 인간이 만든 자연이며, 기술의 대상은 자연과 유리된 인공이 아닌 자연의 연장으로서의 인공이라고 할 수 있다. 가령 전류의 세기가 전압의 크기에 비례하고 저항의 크기에 반비례한다는 옴의 법칙(Ohm's law)을 생각해 보자. 옴의 법칙은 자연에 존재하는 보편적인 법칙이며 과학의 대표적인 예이다. 그렇지만 실제로 옴의 법칙은 인공적으로 만들어진 전원에서 인공적인 도체를 연결하고 그 도체에 흐르는 전류를 인공적인 기기를 통해 측정할 때 성립한다. 이러한 상황에서 순수한 자연은 어디에도 존재하지 않는다.

과학의 동기는 지적 호기심이고 기술의 동기는 유용성이라는 주장도 있다. 그러나 그것을 명확하게 구분하기는 쉽지 않다. 과학이 지적 호기심에서 비롯된 것만은 아니기 때문이다. 예를 들어 맥스웰(James C. Maxwell)이 장(field)의 개념을 바탕으로 모터의 특성을 분석한 논문에서 그 동기가 전자기장의 특성을 잘 이해하기 위해서인지 모터의 효율성을 높이기 위한 것인지를 구별하는 것은 쉽지 않다. 마찬가지로 기술도 한 사회의 실용적 요구를 충족시키기 위해서 개발되는 것만도 아니다. 예를 들어 레오나르도 다빈치의 노트에는 비행기계, 자동마차, 증기기관 등에 대한 그림이 포함되어 있다. 그러한 기술들은 당시의 사회가 요구하지 않았으며 오히려 개인의 지적 호기심에서 비롯된 것이었다.

과학과 기술이 어떤 면에서 다르고 어떤 면에서 비슷한가 하는 논의는 끝이 없어 보인다. 오히려 과학과 기술이 고정된 형태와 기능을 가지고 있는 존재가 아니라 역사적·사회적 맥락에 따라 지속적으로 변화하는 존재라고 인식하는 것이 중요하다. 과거에 과학과 기술이 수행하였던 역할이 현재에 반드시 유효하지는 않으며, 현재의 과학과 기술이 미래에도 계속된다고 볼 수도 없기 때문이다.

과학과 기술의 상호작용

— 과학과 기술은 오랫동안 별개로 존재해 왔다. 한 사회의 상층부에 속한 사람들이 학문탐구의 일환으로 과학에 관심을 기울여 왔던 반면, 기술은 실제 생산 활동에 종사하는 낮은 계층의 사람들이 담당해 왔다. 게다가 고대와 중세에는 사상적 차원에서도 자연적인 것(the natural)과 인공적인 것(the artificial)이 엄격히 구분되었기 때문에 인공적인 것을 담

당하는 기술은 자연의 질서를 거역하는 것으로 간주되었다. 물론 아르키메데스(Archimedes)와 같이 과학과 기술을 함께 한 사람도 있었지만, 그것은 매우 예외적인 경우였다. 심지어 아르키메데스도 자신이 기술자로 비춰지는 것을 매우 싫어하였다.

이러한 상황은 근대 사회에 접어들면서 점차적으로 변화되었다. 16~17세기의 과학혁명을 통하여 적지 않은 과학자들이 기술을 높게 평가하기 시작하였고 기술의 지식과 방법이 과학에서도 의미를 지니는 것으로 생각하였다. 또한 당시의 과학자들은 더 이상 자연세계만을 탐구의 대상으로 삼지 않았으며 기술도 과학의 새로운 출처로 간주하게 되었다. 예를 들어 갈릴레오는 당시의 기술자들과 자주 교류하였고, 그가 다룬 역학의 주제들은 기술적인 문제에 자극을 받아 촉진되기도 하였다. 더 나아가 과학이 기술의 방법을 배워야 한다는 생각이 널리 퍼졌으며, 과학이 기술로 응용되어야 한다는 믿음도 생겨났다. 베이컨(Francis Bacon)은 귀납적 방법론을 주창하면서 실제적·기술적 지식을 옹호하였고, "아는 것이 힘이다."라고 하여 과학이 기술에 기여해야 한다는 강한 믿음을 보였다.

과학과 기술의 관계는 18세기 중엽부터 19세기 중엽까지 전개된 영국의 산업혁명을 통해 더욱 발전하였다. 산업혁명기에는 과학자와 기술자가 빈번하게 교류하게 되면서 두 집단이 지식을 습득하는 경로도 비슷해졌고, 한 사람이 두 가지 분야에서 활동하는 경우도 많아졌다. 과학자들은 산업이나 기술과 관련된 지식을 분류, 정리, 설명하였으며, 기술자들은 기술혁신의 과정에서 과학의 태도와 방법을 적극적으로 활용하였다. 예를 들어 와트(James Watt)가 증기기관을 개량하는 데에는 기존의 기술이 가진 문제점을 정량적으로 분석하고 이를 일반화하여 모델을 만든 후 실험을 실시하는 과학적 방법이 큰 역할을 담당하였다. 특히 산업혁명기의 영국에서는 루나협회(Lunar Society)와 같은 과학단체를 매개로 하여 과학에 대한 관심이 저변문화를 이룰 정도로 광범위하게 확산되었다. 또 과학적 지식을 기술혁신에 활용하려는 시도나 노력이 다각도로 이루어졌다. 그러나 산업혁명기에도 과학의 내용이 기술혁신에 구체적으로 적용된 예는 거의 없었으며, 대부분의 기술혁신은 과학의 응용이라기보다는 경험을 세련화한 성격을 띠고 있었다.

과학의 내용이 기술혁신에 본격적으로 활용되기 시작한 것은 19세기 후반부터라고 볼 수 있다. 그것은 영국이 아닌 독일과 미국에서, 그리고 기존의 분야가 아닌 새로운 분야에서 시작되었다. 독일에서는 유기화학을 바탕으로 하여 염료산업이, 미국에서는 전자기학을 바탕으로 하여 전기산업이 탄생한 것이다. 특히 이러한 분야들에서는 기업체가 연구소를 설립하여 산업적 연구(industrial research)를 수행함으로써 과학과 기술이 상호작용할 수 있는 제도적 공간이 마련되었다. 독일의 바이에르(Bayer) 연구소와 미국의 제너럴 일렉트릭(General Electric) 연구소가 대표적인 예이다. 20세기에 들어서는 수많은 기업연구소들이 설립되어 과학자들에게 새로운 직업을 제공하였으며, 과학연구에 입각한 기술개발이 점차적으로 보편화되었다. 이와 함

께 20세기를 전후해서는 기술지식을 체계화한 공학(engineering)
이 출현하여 과학과 기술의 상호작용이 학문적 차원에서도 강
화되기 시작하였다.

19세기 후반부터 본격화된 과학과 기술의 상호작용은 20세
기 중반 이후에 더욱 심화되었다. 우선 과학이 기술로 현실화되
는 시간 격차(time lag)가 점차적으로 짧아졌다. 예를 들어 전동
기는 65년, 진공관은 33년, X선은 18년, 레이저는 5년, 트랜지
스터는 3년 등으로 그 시차가 단축되었던 것이다(이장재 외 2011,
8). 또한 과학을 바탕으로 새로운 산업이 출현하는 경우도 빈번
해졌다. 핵물리학이 원자력에, 고체물리학이 반도체에, 분자생
물학이 바이오산업에 활용된 것이 대표적인 예이다. 특히 20세
기 중반 이후에는 정부나 기업의 지원을 바탕으로 특정한 목표
를 달성하기 위한 대규모 프로젝트가 추진되는 일이 빈번하였
고, 이를 매개로 과학자와 기술자가 동시에 활용되는 경우가 많
아지면서 과학과 기술을 실제로 구분하는 것이 쉽지 않게 되었
다. 이와 같은 과정을 통해 과학과 기술은 서로 접촉할 수 있는
계기를 점차 확장함으로써 오늘날에는 '과학기술' 또는 '테크노
사이언스(technoscience)'라는 용어가 사용될 정도로 밀접한 관계
를 형성하고 있다.[6]

---

6 테크노사이언스는 행위자-연결망 이론(actor-network theory)을 주창한 과학기술사
   회학자인 라투르(Bruno Latour)가 제기한 개념이다(Latour 1987). 그는 인간 행위자와
   비(非)인간 행위자의 동맹을 과학 활동의 핵심적 성격으로 규정하면서 테크노사이언스
   란 용어를 사용하였다. 물론 라투르가 테크노사이언스를 제기한 맥락은 다르지만, 테크
   노사이언스는 과학과 기술의 밀접한 관계를 하나의 단어로 표현한 것으로 볼 수 있다.

이와 같은 과학과 기술의 상호작용은 남녀의 관계에 비유될 수 있다. 이전에는 아무런 의미도 없었던 두 남녀가 처음으로 만나고 관계가 발전하면서 약혼을 하고 결혼에 이르듯이, 과학과 기술도 이러한 과정을 거쳐 왔다고 볼 수 있다. 오랫동안 별개로 존재해 왔던 과학과 기술이 과학혁명기를 통해 처음 만난후 산업혁명기를 통해 더욱 적극적인 의미를 확인하게 되었고, 19세기 후반에 약혼의 상태에 접어든 후 20세기 중반 이후에 '과학기술'이라는 결혼의 상태에 이른 것이다. 결혼한 부부가 자식을 가지게 되듯이, 과학과 기술도 새로운 매개물을 만들면서 계속적으로 그 관계를 발전시키고 있다. 그러나 결혼한 부부도 각각 독립적인 개체이고 많은 갈등의 소지를 가지고 있는 것처럼 과학과 기술도 항상 좋은 관계를 유지하는 것은 아니다.

과학과 기술의 관계를 보는 입장

과학과 기술의 관계에 대한 모형은 크게 다음의 세 가지로 나눌 수 있다. 첫째는 위계적 모형(hierarchical model)으로 과학을 응용과학(applied science)으로 보는 입장이다. 이 입장에 따르면, 과학과 기술은 명확히 구분될 수 있고, 과학은 기술에 일방적인 영향을 미친다. 둘째는 기술이 과학과는 별개의 독자성을 가지고 있다는 대칭적 모형(symmetrical model)이다. 이 입장에서는 기술이 과학과는 관계없이 발전해 왔으며, 기술은 디자인과 효율성을 중시하는 독자적인 문화를 가지고 있다고 본다. 또한 기술과 과학의 핵심적인 상호작용은 지식의 측면에서 발생하며 서로 동등한 수준에서 이루어진다. 셋째는 수렴 모형(convergence model)으로 이 책이 지지하고 있는 입장이다. 과학과 기술은 원래 다른 의미를 가지고 있었지만, 현대 사회에 들어와 매우 긴밀한 관계를 형성함으로써 양자의 구분이 어렵게 되었다는 것이다.

2.
기술혁신의 의미와 유형

슘페터의 유산

— 혁신(innovation)은 우리가 자주 사용하는 용어이지만, 이를 정확히 규정하기란 쉽지 않다. 우선 혁신의 어원부터 알아보자. 혁신이란 용어는 '인노바레(innovare)'라는 라틴어에서 유래하였다. '인(in)'은 방향을 나타내고 '노바레(novare)'는 새롭다는 뜻이므로, 혁신에는 무언가 새로운 것을 만든다는 의미가 담겨져 있다. 한자로서 혁신(革新)은 새로운 가죽을 만드는 일에 해당한다. 하나의 피혁(皮革)제품을 만들기 위해서는 동물의 가죽(皮, skin)을 벗긴 후 이를 다듬는 무두질을 통해 쓸모 있는 가죽(革, leather)으로 만드는 과정이 필요하다. 껍질을 벗기는 아픔과 섬세한 무두질이 있어야 혁신이 되는 셈이다.

학문적 차원에서 혁신을 최초로 논의한 사람으로는 슘페터

(Joseph A. Schumpeter, 1883~1950)를 들 수 있다.[7] 그는 『경제발전의 이론』에서 경제를 생명력을 가진 유기체로 간주하면서 창조적 파괴(creative destruction)라는 혁신을 통해 경제가 발전한다고 보았다. 흥미롭게도 슘페터는 혁신을 발명(invention)과 대비되는 개념으로 사용하였다. 발명이 어떤 아이디어를 창출하여 실물로 구체화하는 것을 의미한다면, 혁신이란 발명으로 등장한 다양한 생산수단들을 새롭게 결합하는 것을 뜻한다. 슘페터는 자본주의 경제의 참된 발전은 발명이 아니라 혁신에 의해서만 가능하다고 주장하면서, 혁신의 주요 유형으로 ① 새로운 제품의 도입, ② 새로운 생산방법의 도입, ③ 새로운 시장의 개척, ④ 새로운 원자재 공급원의 정복, ⑤ 산업의 새로운 조직화 등을 들었다.

이처럼 슘페터의 혁신에 대한 개념은 경제활동 전반의 변화에 주목하고 있으며, 우리가 흔히 사용하는 기술혁신의 개념보다 훨씬 광범위한 성격을 지니고 있다. 슘페터의 혁신에 대한 개념을 기술로 국한시켜 보면, 발명은 기술의 개발에 해당하고 혁신은 기술의 상업화에 해당한다고 볼 수 있다. 가령 "기술개발의 관점이 아니라 기술혁신의 관점에서 접근해야 한다."와

---

7 슘페터의 생애와 사상에 대해서는 이토 미쓰하루 외(2004)를 참조할 것. 슘페터의 주요 저작으로는 1911년에 독일어 초판이 나오고 1934년에 영문판으로 발간된 『경제발전의 이론(The Theory of Economic Development)』, 1939년에 발간된 『경기순환(Business Cycles)』, 1942년에 초판이 발간된 『자본주의, 사회주의 및 민주주의(Capitalism, Socialism and Democracy)』 등이 있다. 슘페터는 『경제발전의 이론』에서는 창의적 기업가(entrepreneur)에 주목하였지만, 『자본주의, 사회주의 및 민주주의』에서는 대기업을 혁신의 핵심 주체로 보았기 때문에 그의 사상은 전기(Schumpeter Mark I)와 후기(Schumpeter Mark II)로 구분되기도 한다.

같은 말에는 기술혁신을 기술의 상업화로 보는 견해가 깔려 있는 것이다.

슘페터는 기술혁신에 관한 학문적 논의를 개척하였고 이후에도 상당한 영향을 미쳤기 때문에 그에게 '기술혁신학의 아버지'란 칭호를 붙이는 것도 무리는 아닐 것 같다. 슘페터의 기술혁신과 시장구조에 대한 주장은 이후에 상당한 논쟁을 유발하였는데, 그는 혁신의 주체로 창의적 기업가 또는 대기업에 주목하였으며, 그것은 독점시장에서 기술혁신에 대한 인센티브가 크다는 견해로 이어졌다. 이에 대해 애로우(Kenneth Arrow)는 시장이 경쟁적일수록 기술혁신의 인센티브가 크다고 반박하면서 중소기업이 기술혁신에 더욱 친화적이라고 주장하였다. 이에 대한 이후의 논의에서는 시장이 완전히 독점적이지도 않고 경쟁적이지도 않은 경우, 즉 적당히 경쟁적인 경우에 기술혁신

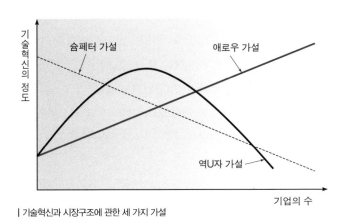

| 기술혁신과 시장구조에 관한 세 가지 가설

의 인센티브가 크다는 주장이 제기되었다. 이러한 주장들은 각각 슘페터 가설, 애로우 가설, 역U자 가설로 불린다(김정홍 2011, 57~69).

이보다 더욱 중요한 것으로는 슘페터의 논의를 계승·발전시킨 신(新)슘페터주의(Neo-Schumpeterianism)의 등장을 들 수 있다.[8] 신슘페터주의자들은 경제발전의 원동력이 기술혁신에 있다는 슘페터의 주장을 수용하면서도 슘페터가 급진적 혁신(radical innovation) 또는 주요 혁신(major innovation)에 초점을 두었다고 비판한다. 이에 대해 신슘페터주의자들은 점진적 혁신(incremental innovation)의 중요성을 부각시키면서 최초의 혁신 이후에 나타나는 소규모 혁신들의 누적적 효과가 경제성장에 더욱 중요한 기여를 할 수 있다고 주장한다. 또한 신슘페터주의자들은 기술뿐만 아니라 제도의 중요성을 부각시켰다. 기술혁신은 이에 참여하는 혁신주체들이 당연히 따라야 한다고 생각하는 제도적 패턴에 따라 이루어지며, 경제발전 역시 기술과 제도의 진화를 동시에 고려해야 제대로 설명할 수 있다는 것이다. 이러한 신슘페터주의자들의 주장에는 기술혁신 또는 기술변화의 기저에 학습과정이 존재한다는 생각이 깔려 있다고 볼 수 있다. 점진적 혁신의 요체는 기존 기술을 학습하고 개선하는 데 있으며, 혁신주체들의 상호작용적 학습을 통해 기술과 제도의 진화가 이루어지기 때문이다.

---

8 신슘페터주의자들의 기술혁신에 대한 논의는 이근(2007, 17~34)을 참조할 것.

기술학습의 유형

혁신주체에 따라 왜 기술능력의 차이가 생기는지를 설명할 수 있는 단서가 되는 것이 바로 학습의 개념이다. 기술학습은 기술능력을 향상시키는 과정이라고 정의할 수 있으며, 학습활동의 종류와 학습이 일어나는 지점(locus)에 따라 다음과 같이 분류할 수 있다(정재용 외 2006, 41~42). ① 생산과정에서의 직접 실행을 통해 숙련 형성과 지식 습득이 일어나는 실행에 의한 학습(learning by doing), ② 장비 등에 체화되어 있는 지식을 활용함으로써 생기는 사용에 의한 학습(learning by using), ③ 외부의 지식을 탐색하고 새로운 지식활동에 대한 지속적인 탐구에 의해 능력이 축적되는 탐색에 의한 학습(learning by searching/exploring), ④ 학습과정 자체를 학습하는 학습에 의한 학습(learning by learning), ⑤ 새로운 지식이나 표준이 등장하였을 때 기존의 지식과 학습 패턴을 폐기함으로써 새로운 학습 메커니즘을 확립할 수 있는 학습폐기에 의한 학습(learning by unlearning).

이처럼 슘페터 이후에 기술혁신에 대한 논의가 본격화되면서 다양한 각도에서 기술혁신의 개념이나 성격을 규명하려는 시도가 있었다. 이와 관련하여 『혁신을 경영하기(Managing Innovation)』의 저자 티드(Joe Tidd) 등이 소개한 유명한 학자들의 혁신에 대한 정의를 요약하면 다음과 같다(Tidd et al. 2005, 66).

① 프리만(Christopher Freeman): 혁신은 새롭거나 개선된 제품, 공정, 장비를 상업적으로 활용하는 것과 관련된 기술, 디자인, 제조, 관리, 상업에 대한 활동을 포괄한다. ② 로스웰(Roy Rothwell): 혁신은 최신의 기술에서 주요한 진보가 상업화되는 것뿐만 아니라 기술적 노하우에 대한 작은 변화를 유용하게 활용하는 것도 포함한다. ③ 드러커(Peter Drucker): 혁신은 창의적 기업가에 특유한 수단으로 그것을 통해 창의적 기업가는 다른 사업이나 서비스에 대한 기회를 만든다. 혁신은 일종의 훈련으로 나타날 수 있으며, 학습이 가능하고 실행될 수 있는 것이다. ④ 포터(Michael Porter): 기업은 혁신이라는 행위를 통해 경쟁적 우위를 확보한다. 기업은 새로운 기술과 새롭게 일하는 방식을 포함해서 광범위하게 혁신에 접근한다.

이와 관련하여 경제협력개발기구(OECD, Organization for Economic Cooperation and Development)의 기술혁신에 대한 관점이 변화해 왔다는 점에도 주목할 필요가 있다. 기술혁신에 관한 OECD의 연구는 1971년에 최초로 수행되었는데, 당시에는 기술혁신을 과학과 기술을 최초로 새로운 방식으로 적용하여 상업적 성공을 거둔 것으로 정의하였다. 그러나 1970~1980년대를 통해 기술혁신에 대한 논의가 본격화되면서 최초의 적용이나 상업적 성공에 초점을 둔 정의가 가진 한계가 보다 분명히 드러나기 시작하였다. 이러한 배경에서 OECD가 1992년에 발간한『기술과 경제(Technology and Economy)』에서는 발견, 발명, 혁신, 확산을 엄격하게 구분하는 것이 더 이상 의미가 없다고 진단한 후 기술혁신을 일회적 행위가 아니라 일련의 과정이나 활동으로 보아야 한다고 강조하고 있다. 이어 '혁신과정(innovation process)'이나 '혁신활동(innovation activity)'이란 용어를 주로 사용할 것이라는 점을 제안하고 있다(OECD 1995, 22~23).

여기에서 필자는 기술혁신을 기술개발(technological development), 기술변화(technological change), 기술진보(technological progress) 등과 비교함으로써 기술혁신의 개념을 보다 명확히 하고자 한다(송성수 2009, 8~9). 기술개발은 주로 새로운 기술의 창출에 주목하는 개념이고, 기술혁신은 기술의 창출에서 기술의 활용에 이르는 모든 과정을 아우르는 개념에 해당한다. 물론 좁은 의미의 기술혁신은 기술의 상업화를 의미할 수 있지만, 통상적 의미의 기술혁신은 기술의 개발과 상업화를 포괄하는 것으로 본다. 기술개발과 기술혁신은 개별적인 기술에 주목하는 경향이 있는 반면, 기술변화는 다양한 기술혁신을 포괄하면서 기술 전반의 거시적 흐름을 표현할 때 주로 사용된다. 기술변화에는 특정한 방향성이 없지만, 기술진보는 기술이 점점 더 좋은 방향으로 변화하는 경우를 지칭한다. 우리나라와 같이 급속한 경제성장을 이룬 국가에서는 '기술발전'이란 용어가 자주 사용되는데, 이때 기술발전은 기술진보와 유사한 의미를 갖는 것으로 볼 수 있다. 이와 함께 기술변화의 성격이 연속적인 경우에는 기술의 진화(evolution of technology)로, 불연속적인 경우에는 기술혁명(technological revolution)으로 칭할 수 있을 것이다.[9] 그러나 기술개발, 기술혁신, 기술변화, 기술진보가 이처럼 명확히 구별되는

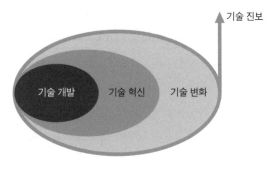

기술 진보

기술 개발　기술 혁신　기술 변화

| 기술개발, 기술혁신, 기술변화, 기술진보의 개념도

것은 아니며, 연구자의 성향이나 주제의 성격에 따라 종종 혼용
되기도 한다.

기술혁신의 유형

—　　　　　　　　　　기술혁신의 개념은 기술혁신의 유
형을 고찰함으로써 더욱 구체화될 수 있다. 기술혁신은 대상에
따라 제품혁신(product innovation)과 공정혁신(process innovation)으로
나누어진다. 제품혁신은 새로운 제품이나 서비스를 개발하거
나 상업화하는 것이고, 공정혁신은 제품이나 서비스의 생산에
필요한 공정을 개발하거나 상업화하는 것이다. 제품혁신과 공

9　기술변화에 관한 다양한 사례와 연구에 대해서는 Bassalla(1996); Rosenberg(2001,
　17~64)을 참조할 것.

정혁신의 개념이 상대적이라는 점에도 유념할 필요가 있다. 예를 들어 전사적 자원관리(ERP, enterprise resource planning)의 경우에 그것을 개발하여 판매한 기업에게는 제품혁신이 되지만, 그것을 구입하여 새로운 변화를 일으킨 조직에게는 공정혁신이 될 수 있다.[10]

최근에는 서비스의 중요성이 증대됨에 따라 서비스혁신(service innovation)을 별도의 범주로 독립시켜야 한다는 주장도 제기되고 있다(Miles 2005). 서비스에 대한 수요는 제품에 대한 수요보다 성장의 여지가 많은 특성을 가지고 있다. 소득수준이 높아지더라도 냉장고는 한 가정에 두 대 정도이면 그만이지만, 교육이나 오락에 대한 서비스는 지속적으로 창출될 수 있기 때문이다. 또한 과거에는 제조업체가 직접 담당하였던 홍보활동이 이제는 별도의 광고업체로 독립하는 등 제조업체의 서비스 활동이 독자적인 서비스업으로 진화하는 경우도 어렵지 않게 목격할 수 있다. 게다가 은행이 금융거래를 전산화하고 병원이 진료과정을 자동화하는 등 서비스 조직이 유사 제조업체의 성격을 띠기도 하며, 자동차업체가 디자인에도 신경을 쓰고 통신업체가 인간의 감성에도 주의를 기울이는 등 제조업의 효율성과 서비스업의 창의성을 겸비한 기업이 주목을 받고 있다.

기술혁신은 정도에 따라 급진적 혁신과 점진적 혁신으로 구

---

10 이와 관련하여 OECD가 혁신활동을 조사하기 위해 작성한 오슬로 매뉴얼(Oslo manual)은 혁신의 유형을 제품혁신, 공정혁신, 조직혁신(organization innovation), 마케팅혁신(marketing innovation)으로 구분하고 있다(OECD 2005).

분된다. 급진적 혁신은 기존 기술과 다른 새로운 기술이 등장하는 것을 의미하고, 점진적 혁신은 기존 기술을 개선하거나 보완하는 것에 해당한다. 여기에서 새롭다는 것은 세계적으로 새로울 수도 있고, 해당 산업이나 기업에서 새로운 것일 수도 있다. 혁신의 급진성 역시 상대적인 개념이라고 할 수 있다. 처음에는 급진적이라고 규정되었던 혁신이 관련 지식이 대중화됨에 따라 결국에는 점진적인 것으로 분류될 수 있는 것이다. 예를 들어 세계 최초로 등장한 라디오는 기념비적인 혁신이었지만, 오늘날 라디오를 만드는 것은 매우 간단한 일이다. 어떤 사람들은 혁신을 중요성에 따라 주요 혁신(major innovation)과 부차적 혁신(minor innovation)으로 구분하기도 하는데, 주요 혁신은 급진적 혁신, 부차적 혁신은 점진적 혁신과 비슷한 뜻으로 사용되는 경우가 많다.

기술변화의 네 가지 유형

신슘페터주의자인 프리만과 페르츠(Carlota Perez)는 기술혁신 또는 기술변화의 유형을 다음과 같은 네 가지로 구분한 바 있다. 첫째는 점진적 혁신으로 특정한 기술의 생산성 또는 품질이 개선되는 것을 의미하며, 생산현장 또는 사용자의 제안에 의존하는 경우가 많다. 둘째는 급진적 혁신으로 특정한 기술이 새롭게 나타나는 것을 지칭하며, 대부분 의

도적인 연구개발의 결과로 나타난다. 셋째는 기술체계(technology system)의 변화로 다수의 급진적 혁신과 점진적 혁신이 결합되어 새로운 산업이 창출되는 것을 의미한다. 넷째는 기술경제 패러다임(techno-economic paradigm)의 변화, 즉 기술혁명으로 많은 분야에 활용될 수 있는 핵심요소를 중심으로 경제 전반의 변화에 영향을 미치는 경우이다(Freeman and Perez 1988, 45~47). 이러한 논의를 반도체에 적용해 보면, 1G D램의 수율 향상은 점진적 혁신, 1G D램 자체의 개발은 급진적 혁신, 반도체 산업의 출현은 기술체계의 변화, 정보통신혁명은 기술경제 패러다임의 변화에 해당한다고 볼 수 있다.

기술혁신은 과거와의 관계에 따라 연속적 혁신(continuous innovation)과 불연속적 혁신(discontinuous innovation)으로 구분할 수 있다(정선양 2011, 27). 연속적 혁신은 이미 보유한 지식이나 기술을 바탕으로 이루어지며, 미래의 경쟁요건이 기존 산업구조 또는 경쟁구조 내에서 충족될 수 있을 때 작동한다. 이에 반해 불연속적 혁신은 과거와 단절된 새로운 지식이나 기술이 창출되는 것에 해당한다. 불연속적 혁신은 성공할 경우에 새로운 경쟁규칙을 제시하면서 시장 자체를 다시 정의하는 경향을 가지고 있다.

연속적 혁신과 불연속적 혁신은 핵심역량(core competencies)에 대한 논의와도 연결지을 수 있다. 핵심역량은 기업을 시장에서 차별화시키는 요소들을 통합하고 조화시키는 능력을 의미하는 것으로 경쟁자가 모방하기 어렵다는 특징을 가지고 있다 (Prahalad and Hamel, 1990). 이러한 핵심역량과의 관계에 따라 혁신은 핵심역량을 강화하는(enhancing) 혁신과 핵심역량을 소실시키는(destroying) 혁신으로 구분할 수 있다. 전자는 기업이 이미 보유한 핵심역량을 활용하여 새로운 기술을 창출하는 것에 해당하고, 후자는 특정 기업의 핵심역량이나 경쟁력을 진부하게 만드는 혁신을 의미한다. 물론 어떤 혁신이 핵심역량을 강화하느냐 소실시키느냐 하는 문제는 어떤 기업의 관점에서 보느냐에 따라 달라질 수 있다. 예를 들어 휴대용 전자계산기는 계산자 (slide rules)를 만들어 온 기업에게는 핵심역량을 소실시키는 혁신인 반면, 전자부품을 만들어 온 기업에게는 핵심역량을 강화시키는 혁신이 될 수 있다(Schilling 2008, 55).[11]

이보다 더욱 흥미로운 기술혁신의 유형으로는 헨더슨(Rebecca M. Henderson)과 클라크(Kim B. Clark)가 제안한 아키텍처 혁신 (architectural innovation)과 모듈 혁신(modular innovation)을 들 수 있다(Henderson and Clark 1990). 그들은 기술혁신의 차원을 핵심개념 (core concept)과 구성요소(component)로 구분한 후 기술혁신의 유형을 다음과 같은 네 가지로 구분하고 있다. 기존의 핵심개념과

---

11 이와 관련하여 과거나 현재의 '핵심역량'이 향후에는 '핵심경직성(core rigidities)'으로 작용할 가능성도 제기되고 있다. 기존의 문제해결 방식과 조직운영 방식을 계속해서 고수할 경우에는 변화하는 환경에 대한 대응력을 상실하게 된다는 것이다. 특히 기존에 형성된 제도가 상당 기간 동안 성공적인 결과를 가져왔을 때 그것을 변화시키는 일은 더욱 어렵게 된다(Leonard-Barton 1992).

	핵심개념 강화	핵심개념 전환
구성요소 유지	점진적 혁신	아키텍처 혁신
구성요소 변화	모듈 혁신	급진적 혁신

| 아키텍처 혁신과 모듈 혁신의 개념도

구성요소가 그대로 수용된 상태에서 발생하는 점진적 혁신, 기존의 핵심개념 하에서 구성요소에 변화를 주는 모듈 혁신, 핵심개념에 변화가 있고 그것을 바탕으로 기존의 구성요소를 새롭게 결합하는 아키텍처 혁신, 핵심개념 및 구성요소 모두에 가시적인 변화가 있는 급진적 혁신이 그것이다. 모듈 혁신의 예로는 컴퓨터를 업그레이드할 때 기존의 구조는 그대로 둔 채 성능이 향상된 구성요소만 바꾸는 것을 들 수 있고, 아키텍처 혁신의 예로는 통화 기능, 문자전송 기능, 카메라 기능, 인터넷 기능 등과 같이 이전에 이미 존재한 요소들을 휴대전화로 통합하는 것을 들 수 있다. 헨더슨과 클라크의 논의는 기술혁신의 유형을 하나의 기준이 아니라 복수의 기준으로 분류하고 있다는 점에서 주목할 만하다.

비교적 최근에 논의되고 있는 기술혁신의 유형으로는 파괴적 혁신(disruptive innovation), 개방형 혁신(open innovation), 사용자

혁신(user innovation) 등이 있다. 파괴적 혁신은 크리스텐슨(Clayton M. Christensen)이 제기한 개념으로 존속적 혁신(sustaining innovation)과 대비된다(Christensen 1997). 존속적 혁신은 기존 시장에서 주력 제품의 성능을 점진적으로 향상시키는 데 필요한 혁신으로 성능이 향상된 제품에 대해 높은 가격을 지불할 용의가 있는 주류 고객을 대상으로 한다. 이에 반해 파괴적 혁신은 성능이 복잡한 제품이나 접근이 어려운 서비스에 만족하지 못하는 고객을 겨냥한 것으로 고객이 원하는 제품이나 서비스를 더 낮은 비용이나 더 편리한 접근방식으로 제공하는 데 필요한 혁신을 의미한다. 흥미로운 점은 이런 식으로 새로운 시장을 공략한 혁신이 점차적으로 기술적 수준도 향상시킴으로써 결국에는 기존 시장 자체를 파괴할 수 있다는 것이다.

크리스텐슨은 혁신주체가 파괴적 혁신과 존속적 혁신을 동시에 추구해야 하며, 특히 기업이 성공을 거두고 있을 때 파괴적 혁신을 위한 신규 사업에 착수해야 한다고 권고하고 있다. 그가 쓴 저서의 제목이 『혁신자의 딜레마(The Innovator's Dilemma)』인 이유도 여기에서 찾을 수 있다. 혁신자는 마치 두 마리의 말에 올라타는 것과 같은 딜레마를 가지고 있다는 것이다. 사실상 기존의 기업들은 해당 산업의 극적인 변화에 대응하기 쉽지 않다. 조직이 정상상태의 혁신에 맞추어져 있어 파괴적 변화를 암시하는 신호를 제대로 수집하고 대응할 수 없기 때문이다. 크리스텐슨은 이에 대한 대처방안으로 시장의 신호와 기술의 신호를 잡아내고 그것을 혁신활동에 반영할 수 있는 독립적인 조직

| 개방형 혁신과 폐쇄형 혁신의 원칙 |

개방형 혁신의 원칙	폐쇄형 혁신의 원칙
우리는 회사 내부이건 외부이건 함께 일할 똑똑한 사람이 필요하다.	우리 분야에서 가장 똑똑한 사람들이 우리를 위해 일한다.
외부의 연구개발은 중요한 가치를 창조할 수 있다. 내부의 연구개발은 그 가치의 일정 부분을 주장하기 위해 필요하다.	우리는 연구개발에서 이익을 얻기 위해 반드시 스스로 연구하고, 개발하고, 시장에 내놓아야 한다.
그것으로부터 수익을 얻기 위해 우리가 꼭 연구를 시작할 필요는 없다.	만약 우리가 스스로 뭔가를 개발한다면, 그것을 가장 먼저 시장에 출시할 것이다.
더 나은 비즈니스모델을 확립하는 것이 시장에 먼저 출시하는 것보다 낫다.	시장에 처음으로 혁신 제품을 내놓는 회사가 승리할 것이다.
만약 우리가 내부와 외부의 아이디어를 가장 잘 활용한다면 우리는 승리할 것이다.	만약 우리가 그 업종에서 가장 좋은 아이디어를 창출한다면 우리는 승리할 것이다.
우리는 다른 사람이 우리의 지적재산을 이용하게 함으로써 이익을 얻고, 우리의 비즈니스모델에 도움이 되는 다른 사람들의 지적재산을 구입해야 한다.	우리의 지적재산을 잘 통제하여 경쟁자들이 우리의 아이디어로부터 이익을 내지 못하게 해야 한다.

(자료: Chesbrough 2009, 26).

을 마련해야 한다는 점을 제안하고 있다.

개방형 혁신은 체스브로(Henry W. Chesbrough)가 제기한 개념으로 폐쇄형 혁신(closed innovation)과 대비된다(Chesbrough 2003). 폐쇄형 혁신은 기술혁신의 모든 과정을 한 기업이 내부적으로 운영하는 것에 해당하는 반면, 개방형 혁신은 외부의 다양한 자원을 활용하여 더욱 빠르고 저렴하게 기술혁신을 수행하는 것을 의미한다. 기업이 필요한 자원을 외부에서 가져와 사용하는 일은 이전에도 있었지만, 개방형 혁신이 본격적으로 주목을 받게 된 것은 비교적 최근의 현상이라고 할 수 있다. 이에 대한 배경으로는 유능하고 숙련된 인력의 이동이 활발해졌다는 점, 벤처자본이 급속히 성장하고 있다는 점, 외부 조달자의 능력이 향상되고 이를 확보하기 위한 경쟁이 치열해졌다는 점 등을 들 수 있다. 이에 따라 외부의 기술을 경시하는 NIH(Not Invented Here) 신드롬은 극복해야 할 대상이 되었으며, 전통적인 연구개발(R&D) 대신에 연결(connect)과 개발(development)의 앞 글자를 딴 C&D가 주목을 받고 있다. 개방형 혁신의 유형은 외부에서 내부로 가는 혁신과 내부에서 외부로 가는 혁신으로 구분할 수 있는데, 전자에는 인소싱(in-sourcing), 공동연구, 벤처투자 등이, 후자에는 기술자산 판매, 분사화, 프로젝트 공개 등이 있다.

사용자 혁신은 폰 히펠(Eric von Hippel)이 오랫동안 탐구해 온 것으로 공급자 혁신(supplier innovation)과 대비된다(von Hippel 2005). 사용자 혁신은 사용자가 기술개발에 참여하여 공동개발자로서의 역할을 수행하는 것은 물론 사용자가 자신의 필요에 의해 기술을 직접 개발하고 이를 시장에 공급하는 형태도 포함한다. 폰 히펠은 사용자들의 혁신 활동이 생산자들의 혁신 활동을 대체하거나 보충하고 있으며, 심지어는 기업의 제품 개발자들이 내놓는 것보다도 훨씬 뛰어나고 창조적이며 만족감을 준다고 주장하고 있다. 특히 그는 선도사용자(lead user)의 역할에 주목하였는데, 선도사용자는 제품에 내재한 문제점을 기업보다 빨리 인식하고 스스로 문제점을 해결하기 때문에 성공 가능성이 높은 혁신을 이루어 낼 수 있다고 보았다. 폰 히펠은 사용자 혁신이란 개념을 통해 기술혁신이 단지 경제적 측면에 국한된 것이 아니라 사회적 측면에서도 중요한 의미를 가진다고 파악하고 있다. 그가 '소비자'나 '수요'와 같은 단어보다 '사용자'나 '필요'와 같은 단어를 즐겨 사용하는 것도 이러한 맥락에서 이해할 수 있다.

폰 히펠의 사용자 혁신은 혁신의 민주화에 대한 논의로 이어지고 있다. 그는 『혁신을 민주화하기(Democratizing Innovation)』의 서문을 다음과 같이 시작하고 있다. "혁신의 민주화란 무엇인가? 이 책에서 혁신이 민주화되고 있다는 것은 제품과 서비스 사용자들(개인 소비자와 기업)이 스스로 혁신을 지속적으로 해나갈 수 있다는 뜻이다. 사용자 중심의 혁신 과정은 수백 년간 상업의 대들보 역할을 해온 생산자 중심의 혁신 개발 시스템에 비해 수많은 장점을 가지고 있다. 사용자들은 자신들을 대신해서 생산자들이 혁신을 일으키는 것에 의지하는 대신, 스스로 혁신함으로써 자신들이 원하는 것을 100% 얻을 수 있다. 또한 사용자 중심의 혁신 과정에서는 다른 사람들이 개발한 여러 혁신의 결과물들을 공유할 수 있기 때문에, 개인 사용자들은 자신들이 필요로 하는 모든 것을 혼자 개발하지 않아도 된다."(von Hippel 2012, 15).

기술혁신이 중요한 이유

—   기술혁신은 매우 복잡하고 어려운
과정이며, 많은 노력과 시간을 요구한다. 이와 관련하여 하나
의 새로운 제품이 성공적으로 생산되기까지 약 3,000개의 아이
디어가 사용된다는 조사도 있다(Schilling 2008, 5). 3,000개의 아
이디어 중에서 300개가 채택되고 그중에서 125개가 작은 프로
젝트로 추진되며, 그 결과 4개의 기술개발이 이루어지고 2개의
제품이 만들어지며 결국 1개의 성공적인 제품이 등장한다는 것
이다. 이러한 과정은 마치 깔때기를 통과하면서 정제되는 것과
유사하기 때문에 '혁신 깔때기(innovation funnel)'라고 불리기도 한
다. 제약산업의 경우에는 정도가 더욱 심하다. 하나의 우수한
약품이 등장하기 위해서는 동물을 대상으로 하는 전(前)임상,
소수의 건강한 사람을 대상으로 하는 임상 1상, 소수의 환자를
대상으로 하는 임상 2상, 다수의 환자를 대상으로 하는 임상 3
상의 단계를 밟아야 한다.

그렇다면 이처럼 어려운 기술혁신에 우리가 주목해야 하는
이유는 무엇인가? 그것은 기술혁신이 매우 중요하기 때문이다.
기술혁신이 기업의 성공과 국민경제의 성장에 필수적인 요소
라는 점에 동의하지 않는 사람은 거의 없을 것이다. 기업의 매
출과 이익 중에 1/3 이상이 최근 5년 동안 개발된 제품들에 의
존하며, 천연자원이 풍부한 국가를 제외하면 국내총생산(GDP)
과 기술혁신이 양(+)의 상관관계를 가진다는 지적도 있다. 이
와 같은 논의는 경쟁력 제고에 초점이 주어져 있지만, 기술혁신

이 삶의 질 향상에도 중요한 수단으로 활용될 수 있으며 인간의
창의성을 고양하는 효과까지 가지고 있다는 것을 의미한다.

기술혁신의 중요성과 관련하여 쉴링(Melissa A. Schilling)은 『기
술혁신의 전략경영(Strategic Management of Technological Innovation)』의
서문에서 다음과 같이 재치 있게 표현하고 있다. "혁신은 아름
다운 것이다. 이는 심미적이면서도 실용적인 매력을 가진 하나
의 힘이다. 혁신은 창의적인 정신을 자유롭게 하고 지금까지 꿈
꾸지 못한 가능성들에 대해 우리의 마음을 열어 준다. 이와 동
시에 혁신은 경제적 성장을 가속화하고 의약, 농업, 교육과 같
이 인류의 중요한 노력들이 이루어진 분야에서의 진보를 제공
하고 있다. …… 〔무엇보다도〕혁신은 경쟁력 차별화의 강력한
수단으로서 기업으로 하여금 새로운 시장에 침투하여 높은 이
익을 올리게 해 준다. …… 기업이 성공하기 위해서는 혁신적
이라는 것만으로는 부족하고 경쟁기업보다 더욱 혁신적이어야
한다."(Schilling 2008, vi).

여기에서는 기술혁신이 경제성장의 핵심적 요소로 작용
한다는 논의에 대해 보다 자세히 살펴보기로 하자. 생산함수
(production function)는 일정한 기간에 생산요소의 투입량과 생산
물의 산출량 사이에 존재하는 관계를 나타내는 함수이다. 그중
널리 사용되고 있는 것은 1934년에 제안된 콥-더글라스(Cobb-
Douglas) 생산함수로서 $Y = A \cdot K^{(1-\alpha)} \cdot L^\alpha$ (Y: 산출량, A: 솔로우 잔
차, K: 자본, L: 노동, α: 노동소득분배율)과 같은 식으로 표현된다. 이
때 산출량 증가율 중에서 노동 및 자본과 관련된 값들을 모두

차감한 뒤 남는 값을 솔로우 잔차(Solow residual)라고 하는데 이것이 총요소생산성(TFP, total factor productivity)의 증가율에 해당한다. 흥미로운 점은 경제성장이 자본과 노동보다는 총요소생산성의 증가에 의해 설명되는 부분이 더욱 많으며, 총요소생산성의 증가에 기여하는 요소도 다양하지만 기본적으로는 기술혁신과 밀접히 연관되어 있다는 것이다.[12]

이러한 점은 1957년에 솔로우(Robert Solow)가 "기술변화와 총생산함수(Technical Change and the Aggregate Production Function)"라는 논문에서 본격적으로 제기하였다. 그는 경제성장 이론에 기여한 공로로 1987년 노벨경제학상을 수상하기도 하였다. 이후에 많은 학자들이 측정방법을 더욱 정교화하면서 경제성장에 대한 요소별 기여도를 계산하였는데, 일반적으로 기술혁신이 경제성장에 기여하는 상대적 비중은 국민경제가 더욱 발전할수록 점점 더 높아지고 있는 것으로 평가되고 있다(Boskin and Lau 1992). 다시 말해 개발도상국보다는 선진국이, 옛날보다는 최근에 기술혁신의 경제성장에 대한 기여도가 높아지는 경향이 있는 것이다. 이와 관련하여 포터는 국가경쟁력이 요소주도(factor-driven), 투자주도(investment-driven), 혁신주도(innovation-driven) 단계를 거치면서 더욱 향상된 후, 부(富)주도(wealth-driven) 단계에 이르면 국민경제가 표류하거나 쇠퇴한다고 지적한 바 있다

---

12 총요소생산성을 구하는 식은 콥-더글라스 생산함수에 자연로그를 취한 $\ln(\text{TFP}) = \ln(Y) - (1-\alpha) \cdot \ln(K) - \alpha \cdot \ln(L)$로 나타낼 수 있다. 이때 총요소생산성의 기여도 중에서 규모의 경제 기여도와 자원재배분의 기여도 등을 빼면 기술혁신의 기여도를 구할 수 있다(이원영 2008, 124~125).

(Porter 2009, 739~779).[13]

기술혁신과 장기파동

— 기술혁신의 중요성은 기술혁신과 경제발전의 역사적 변천을 다룬 장기파동이론(long wave theory)에서도 엿볼 수 있다. 장기파동이론은 1925년에 콘드라티에프(Nikolai Kondratiev)가 처음으로 제기한 후 1939년에 슘페터가 『경기순환』을 통해 본격적으로 논의하였고, 1970년대 이후에 일련의 마르크스주의자들과 신슘페터주의자들에 의해 보다 정교화되었다. 장기파동이론은 자본주의 경제가 약 50년을 주기로 호황(prosperity), 침체(recession), 불황(depression), 회복(recovery)과 같은 파동을 경험해 왔다는 현상에 대한 설명으로 신기술의 대두와 국제질서의 재편이 서로 맞물려 있다는 점을 잘 보여 주고 있다 (김환석 외 1992).

장기파동이론을 최초로 제기한 콘드라티에프는 마르크스(Karl Marx)의 단기적인 경기순환에 관한 논의를 바탕으로 장기파동 현상을 설명하였다. 마르크스는 수명이 약 10년인 기계들의 마모와 이를 대체하기 위한 투자의 집중에서 단기적 경기순환이 생겨난다고 지적하였다. 이에 반해 콘드라티에프는 단기적 경기순환과 장기파동을 구분하면서 장기파동의 경우에는 수명이

---

13 우리나라에서는 참여정부 시절인 2004년에 차세대 성장동력사업이 추진되면서 혁신 주도형 성장이 본격적으로 논의되기 시작하였다.

| 장기파동의 역사 |

장기파동	기간	핵심산업	주도국가	비고
제1차	1770/80~1830/40	섬유	영국	산업혁명
제2차	1830/40~1880/90	철도	영국	빅토리아 번영기
제3차	1880/90~1930/40	화학, 전기	독일, 미국	대기업의 출현
제4차	1930/40~1980/90	자동차	미국	포드주의 생산방식
제5차	1980/90~	전자, 정보	일본, 미국	정보사회의 도래

주: 장기파동의 구체적인 기간은 학자에 따라 견해가 다름.

훨씬 긴 기간자본제(basic capital goods)에 주목해야 한다고 주장하였다. 즉 거대한 공장이나 경제하부구조가 마모되면서 이를 대체하기 위해 주기적으로 이루어지는 대규모의 투자가 장기파동을 유발한다는 것이다. 이처럼 콘드라티에프는 자본투자의 변동과 장기파동을 결부시켰지만, 자본투자의 변동을 어떻게 설명할 것인가 하는 문제점을 남겼다.

이에 대해 슘페터는 장기파동이 창의적 기업가의 혁신 활동으로 등장하는 주도산업부문(leading sectors)의 출현과 교체를 통하여 이루어진다고 설명하였다. 즉 처음에는 주도산업부문이 자본투자와 경제성장을 이끌지만, 점차 수익체감 현상이 나타나 자본투자가 위축되면 경제성장이 완만해지고, 결국에는 불황 국면을 맞이한 후 다른 주도산업부문이 출현하여 과거의 것을 대체함으로써 경기가 회복된다는 것이다. 이러한 과정이 순환적인 것이 되기 위해서는 가장 알맞은 시기에 혁신이 발생해야 하고, 혁신이 경기순환에 영향을 미칠 만큼 효과적인 것이어야 하는데, 이에 대한 설명으로는 포괄적 혁신(generic innovation)이나 혁신의 군집(cluster of innovations)이 거론되어 왔다.

이처럼 슘페터는 장기파동의 원인을 기술혁신에서 찾았지만 프리만과 페르츠와 같은 신슘페터주의자들은 기술혁신만으로는 장기파동이 설명될 수 없으며 기술혁신과 제도변화가 동시에 고려되어야 한다고 주장하였다(Freeman and Perez 1988). 그들에 따르면, 자본주의 경제체제는 기술경제 패러다임(techno-economic paradigm)과 사회제도적 틀(socio-institutional framework)이라는 두 가지 하위시스템으로 이루어져 있다. 기술경제 패러다임의 전환은 핵심요소(key factor)의 출현에 의해 가능한데, 핵심요소는 상대비용이 낮고, 장기간 공급이 가능하며, 잠재적인 분야에 광범하게 응용될 수 있어야 한다. 새로운 패러다임의 출현은 기술자와 경영자의 상식(常識)을 변화시키고 투자패턴을 이동시키며, 이에 따라 산업부문의 상대적 중요성도 달라지게 한다. 여기에서 새로운 산업부문은 핵심요소를 생산하는 추동부문(motive branches), 핵심요소를 집약적으로 이용하는 담지부문(carrier branches), 앞의 두 부문이 성장한 결과로 등장하는 피유인부문(induced branches)으로 나눌 수 있는데, 제5차 장기파동의 경우에는 반도체를 추동부문, 컴퓨터와 통신을 담지부문, 자동화를 피유인부문으로 생각할 수 있다.

기술경제 패러다임은 사회제도적 틀보다 먼저 변하기 때문에 새로운 패러다임과 기존 제도 사이에는 부정합(mis-match) 현상이 나타나게 되는데, 이것이 장기파동의 불황기를 관통하는 특징이다. 이러한 위기는 사회제도적 틀의 재편성을 강요하게 되고, 적절한 사회제도적 혁신들로 이어져 새로운 기술경제 패러다임과 정합(a good match)에 도달하면서 호황이 도래하게 된다. 그런데 제도적 혁신은 기득권층의 이해와 상충되기 때문에 첨예한 사회적 갈등이 발생하게 되며, 그 과정에서 결국은 이전과 다른 새로운 사회질서가 태동하게 된다. 이러한 과정에서는 과거에 성공하였던 국가가 강한 사회제도적 관성으로 새로운 패러다임에 빨리 적응하지 못함으로써 국제적인 주도권을 상실할 수도 있다.

마지막 지적과 관련하여 페르츠와 소테(Luc Soete)는 기술경제 패러다임이 전환되는 시기에 후발공업국이 선진국을 추격할 수 있는 기회의 창(windows of opportunity)이 열린다는 점에 주목하고 있다(Perez and Soete 1998). 그들에 의하면, 장기파동을 좌우하는 세계적인 신기술들은 대부분 선진국에서 처음 출현할 가능성이 많지만, 신기술의 확산에 있어서는 기존 기술에 투자된 막대한 자본, 기술자와 경영자의 기존 기술에 대한 몰입, 기존 기술의 개선을 지향하는 연구개발체제 등으로 선진국이 오히려 지체되는 경향이 있다. 따라서 신기술은 기존 기술에의 몰입이 덜한 후발공업국에서 더 빨리 확산될 수 있으며, 그 과정에서 중요한 점진적 혁신들이 발생하여 후발공업국이 선진국을 추격할 수 있다는 것이다. 그들은 역사적 실례로서 19세기 후반에 영국을 추격하였던 독일과 1970~1980년대에 미국을 추격하였던 일본의 예를 들고 있다.

3.
기술혁신의
모형을 찾아서

선형 모형과 상호작용 모형

— 　　　　　　모형을 사용하면 복잡한 현상이나
이론을 보다 단순하고 명쾌하게 설명할 수 있다. 기술혁신에
대한 모형 중에 단골메뉴로 등장하는 것은 기술추동(technology
push) 모형과 수요견인(demand pull) 모형이다. 전자는 과학추동
(science push) 모형, 후자는 시장견인(market pull) 모형으로 불리기
도 한다. 기술추동 모형은 기술혁신을 연구, 개발, 생산, 마케팅
으로 이어지는 과정으로 보고 있으며, 수요견인 모형은 기술혁
신의 과정을 시장의 수요, 연구개발, 생산, 마케팅의 과정으로
구분하고 있다. '필요는 발명의 어머니'가 수요견인 모형의 핵
심 주장을 담아낸 것이라면, 기술추동 모형의 모토로는 '과학기
술이 세상을 만든다.'를 들 수 있을 것이다. 일반적으로 산업 초

기 단계에는 기술추동 모형이, 후기 단계에는 수요견인 모형이 잘 들어맞는 경향을 보이고 있다.

기술추동 모형과 수요견인 모형은 모두 기술혁신을 일회적 사건이 아니라 일련의 과정으로 본다는 공통점을 가지고 있다. 앞 장에서 기술혁신을 유사 개념과 비교하면서 언급하였듯이, 기술혁신은 기술의 창출에서 상업화에 이르는 모든 과정을 포괄하고 있다. 또한 두 모형은 기술혁신의 주된 원천이 무엇인가에 대한 문제를 제기하고 있다. 기술추동 모형은 기술혁신의 원천으로 연구에 주목하고 있는 반면, 수요견인 모형은 시장의 수요를 기술혁신의 원천으로 보고 있다. 이와 함께 두 모형은 특정한 기술 프로젝트를 계속 진행할 것인지 아니면 중단할 것인지에 대한 단계적 관문(stage-gate)을 제시하고 있는 것으로도 해석할 수 있다. 이전의 단계가 충족되거나 그럴 가능성이 많으면 다음 단계로 넘어가고 그렇지 않은 경우에는 해당 프로젝트를 중단할 수 있다. 이러한 각 단계는 아래에 제시한 그림보다 더

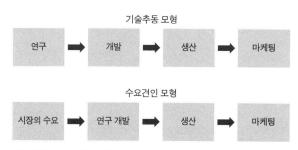

| 기술추동 모형과 수요견인 모형의 개념도

욱 세분화할 수 있는데, 기술추동 모형을 예로 들면, 연구는 기초연구(basic research)와 응용연구(applied research)로, 개발은 기술개발과 제품개발로, 생산은 시제품생산과 대량생산으로 나눌 수 있다. 이러한 점들은 기술추동 모형과 수요견인 모형 모두가 많은 비판을 받아 왔음에도 불구하고 지금도 상당한 설명력을 가지고 있는 이유라고 할 수 있다.

과학, 끝없는 프런티어

기술혁신에 대한 모형은 기업 차원은 물론 국가 차원에서도 활용될 수 있다. 사실상 기술추동 모형의 골자는 1945년에 부시(Vannevar Bush)의 『과학, 끝없는 프런티어(Science, the Endless Frontier)』에서 제안된 바 있다. 부시는 전기공학을 전공한 MIT 교수로 1940년에 설립된 국방연구위원회(NDRC, National Defense Research Committee)와 그것이 확대되어 1941년에 설립된 과학연구개발국(OSRD, Office of Scientific Research and Development)의 책임자로 활동하였다. "레이더에 의해 승리하였고 원자탄에 의해 종지부를 찍었다."라고 할 만큼 제2차 세계대전을 계기로 과학기술의 위상이 높아졌고, 부시는 『과학, 끝없는 프런티어』를 통해 과학연구에 대한 정부의 강력한 지원책을 주문하였다. 그 보고서에서는 과학기술정책이 연방정부의 지원 → 기초연구 → 응용연구 → 개발 → 기술 → 응용 → 사회적 이득으로 이어지는 모형에 입각하고 있다. 부

기술추동 모형과 수요견인 모형은 모두 선형 모형(linear model)
또는 파이프라인 모형(pipe-line model)에 해당한다. 선형 모형은
어떤 현상을 설명할 때 하나의 원인만 부각시키는 경향을 보인
다. 즉 기술혁신의 원천으로 공급 측면이나 수요 측면의 하나에
만 주목하고 있는 것이다. 그러나 실상은 두 가지 요소 모두에
민감하지 않은 기술혁신이 성공할 가능성은 매우 낮을 수밖에
없다(Rosenberg 2001, 343). 또한 선형 모형에서는 'X가 Y를 낳고'
하는 식으로 일방적인 경로를 따라 기술혁신이 전개된다. 이에
따라 선형 모형은 기술혁신의 각 단계 사이에 존재하는 상호작
용이나 피드백을 경시하게 된다. 이러한 선형 모형의 문제점을
극복하기 위해 등장한 것이 상호작용 모형(interactive model)이다.

기술혁신에 대한 상호작용 모형은 1970년대 이후에 다양한
형태로 제시되어 왔는데, 여기에서는 기술혁신학에서 널리 언
급되고 있는 커플링 모형(coupling model)과 사슬연계 모형(chain-

---

14 20세기 과학연구의 전개과정과 이를 둘러싼 논쟁에 대해서는 Stokes(1997); 홍성욱
(2004)을 참조할 것.

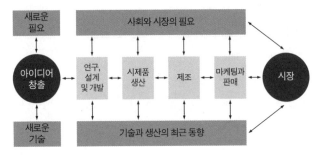

| 기술혁신에 관한 커플링 모형

linked model)에 대해 살펴보기로 한다(Rothwell and Zegveld 1985; Kline and Rosenberg 1986). 커플링 모형은 기술추동 모형과 수요견인 모형을 결합한 것으로, 새로운 수요는 기술적 문제가 해결되어야만 충족될 수 있고 기술적 수준은 현실적인 시장이 존재할 때 비로소 개선될 수 있다는 입장을 바탕으로 하고 있다. 위의 그림에서 보듯이 커플링 모형에서 기술혁신은 아이디어 창출, 연구개발, 시제품 생산, 제조, 마케팅과 판매, 시장 진입 등의 순서를 거치며, 각 단계는 일방적인 관계가 아니라 상호작용하는 특징을 가지고 있다. 이와 함께 커플링 모형은 기술혁신에 대한 아이디어가 새로운 필요와 새로운 기술이 서로 충돌하면서 창출되고, 연구개발에서 상업화에 이르는 각 단계마다 시장의 신호와 기술의 신호를 반영해야 한다는 점을 강조하고 있다.

커플링 모형이 기술혁신의 각 단계에 존재하는 상호작용을 병렬적으로 표현하고 있다면 사슬연계 모형은 보다 구조적인 묘사를 시도하고 있다. 또한 두 모형은 모두 기술추동 모형과 수요견인 모형을 종합하고 있긴 하지만, 커플링 모형이 기술추동 모형에 기초를 두고 있는데 반해 사슬연계 모형은 수요견인 모형을 기반으로 삼고 있다. 사슬연계 모형은 클라인(Stephen Kline)과 로젠버그(Nathan Rosenberg)에 의해 1986년에 제안된 이후 OECD가 1992년에 발간한 『기술과 경제』를 통해 널리 알려진 바 있다.

기술혁신에 관한 사슬연계 모형 그림에서 C는 혁신의 중심 사슬에 해당하며, 잠재적 시장, 발명 또는 분석설계, 상세설계와 시험, 재설계와 생산, 배분과 마케팅의 순서로 되어 있다. 이처럼 사슬연계 모형은 기술혁신의 핵심적 요소로 설계에 주목하고 있으며, 분석설계(analytic design), 상세설계(detailed design), 재

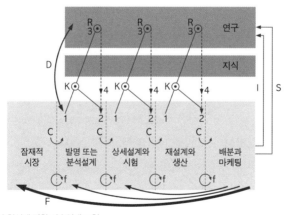

| 기술혁신에 관한 사슬연계 모형

설계(redesign)와 같은 다양한 유형의 설계를 제시하고 있는 특징을 보이고 있다. f는 피드백 회로를 나타내며, F는 특히 중요한 피드백에 해당한다. 여기에서 앞뒤로 연결된 단계 사이의 피드백은 물론 단계를 가로지르는 피드백이 존재한다는 점도 주목할 만하다. K-R은 지식과 연구의 상호작용을 나타내고 있다. 만약 기술혁신 과정에서 발생한 문제가 기존 지식으로 해결되면 연구는 불필요해진다. 또한 연구가 수행된다고 할지라도 문제가 항상 해결되는 것은 아니기 때문에 점선이 존재한다. D는 발명이나 설계에서 비롯된 문제가 연구와 연결되는 경로를 보여 주고 있다. I는 기기, 기계, 공구, 공정 등이 과학 연구를 지원하는 것을 뜻하며, S는 제품 분야에서 직접적으로 정보를 얻거나 외부 활동을 감시함으로써 과학 연구를 지원하는 것을 뜻한다.

기술혁신을 직접적으로 다룬 모형은 아니지만, 노나카(Ikujiro Nonaka) 등이 제안한 지식창조 모형에도 주목할 필요가 있다 (Nonaka 1994 ; Nonaka and Takeuchi 1995). 왜냐하면 기술혁신 과정은 곧 혁신주체들 사이에 학습이 이루어지는 과정이기도 하기 때문이다. 노나카 등은 지식을 암묵적 지식 또는 암묵지(tacit knowledge)와 명시적 지식 또는 형식지(explicit knowledge)로 구분한 후 지식전환의 모드로 다음의 네 가지를 제안하였다. 암묵지의 조직 내 확산을 의미하는 사회화(socialization), 암묵지가 형식지로 전환하는 것을 뜻하는 외부화(externalization), 기존의 형식지를 바탕으로 새로운 형식지를 만드는 결합화(combination),

| 지식창조에 관한 SECI 모형

그리고 형식지가 암묵지로 전환하는 것을 의미하는 내부화 (internalization)가 그것이다. 이와 같은 지식전환의 네 가지 모드가 서로 엮이고 나선형으로 발전하면서 해당 조직에서는 새로운 지식이 지속적으로 창출된다. 노나카 등이 제안한 지식창조에 관한 모형은 네 가지 모드의 앞 글자를 따서 'SECI 모형'으로 불리기도 한다.

간주곡: 연구개발

— 이상의 논의에서 연구개발이란 용어가 종종 등장하였는데, 이에 대해 보다 자세히 알아보기로 하자. 연구개발은 우리가 자주 사용하는 용어이지만, 그것을 엄밀하게 규정하기는 쉽지 않다. 여기에서는 연구개발 활동 조사를

위해 세계적으로 통용되고 있는 OECD의 프라스카디 매뉴얼 (Frascati manual)을 기준으로 삼고자 한다(OECD 2002). 이에 따르면, 연구개발은 과학기술 분야 등의 지식을 축적하거나 새로운 적용방법을 찾아내기 위해 축적된 지식을 활용하는 조직적이고 창조적인 활동을 뜻한다.

OECD는 연구개발의 단계를 기초연구, 응용연구, 개발연구로 구분하고 다음과 같이 정의하고 있다. ① 기초연구는 기초과학 또는 그것과 공학·의학·농학 등과의 융합을 통해 새로운 이론과 지식 등을 창출하는 연구 활동이다. ② 응용연구는 주로 특정되고 실용적인 목적 하에 새로운 지식을 획득하기 위해 행해지는 체계적인 연구 활동이다. 기초연구로부터 얻어진 발견에 대한 가능한 용도를 결정하거나, 특정되고 미리 정한 목표를 성취하는 새로운 방법이나 방식을 결정하기 위해 수행된다. ③ 개발연구는 기초연구, 응용연구 및 실제 경험으로부터 얻어진 지식을 이용하여 새로운 제품 및 장비를 생산하거나, 새로운 공정, 시스템 및 서비스를 설치하거나, 이미 생산 또는 설치된 것을 실질적으로 개선하기 위하여 행하여지는 체계적인 연구 활동이다.

OECD는 기초연구를 다시 순수기초연구(pure basic research)와 목적기초연구(oriented basic research)로 세분하고 있다. 순수기초연구는 순전히 지식의 진보를 위해 수행되는 연구 활동이다. 순수기초연구에는 장기적인 경제적·사회적 이익에 대한 기대가 없고, 연구결과를 실제적인 문제에 응용하거나 응용에 관련된

스토크스의 연구 활동의 유형에 관한 분류 (자료: Stokes 2007, 137)

영역으로 이전하기 위한 노력도 없다. 이에 반해 목적기초연구는 현재 알려진 문제 또는 미래에 예상되는 문제해결에 관심을 둔다. 목적기초연구는 이러한 문제해결의 근거를 형성할 수 있는 지식기반을 제공할 것이라는 기대 하에 수행되는 연구 활동이다.

이와 관련하여 스토크스(Donald E. Stokes)는 연구를 수행하는 동기로 원천적 이해의 추구를 한 축에 놓고 사용에 대한 고려를 다른 한 축에 놓은 후, 연구 활동의 유형을 순수기초연구, 사용을 고려한 기초연구(use-inspired basic research), 응용연구로 구분하고 있다. 이를 바탕으로 그는 각 사분면의 영역에 해당하는 연구자 또는 과학기술자의 유형을 보어 형, 파스퇴르 형, 에디슨 형으로 칭하고 있다(Stokes 1997). 보어 형은 아직까지 확실히 밝혀지지 않은 현상을 규명하는 것을 추구하고, 에디슨 형은 실생활의 문제를 해결하는 데 목적을 두고 있는 반면, 파스퇴르 형은 이해의 폭을 확장함과 동시에 실제적 사용도 염두에 두고 연구를 수행한다.

연구개발의 규모가 점점 커지고 개인적 연구를 넘어 조직적 차원의 연구가 중시되면서 연구개발 활동을 적절히 관리하는 것도 중요한 과제가 되었다. 이와 관련하여 기업의 연구개발관리는 대체적으로 네 가지 세대를 거쳐 진화해 왔다고 볼 수 있다(박용태 2006, 32~36; 정선양 2011, 311~322). 제1세대와 제2세대에서는 모두 관리의 대상이 연구개발 부문에만 국한되었는데, 제1세대에서는 과학기술자 주도의 초보적 관리만 이루어졌던 반면, 제2세대의 경우에는 프로젝트 관리기법을 통해 개별 프로젝트를 효율화하는 시도가 이루어졌다. 제3세대에서는 연구개발은 물론 생산과 마케팅이 통합적으로 고려되는 전사적 기

| 연구개발관리의 세대 구분 |

구분	시기	조직적 연계의 정도				주요 특징
		연구개발	생산	마케팅	고객	
제1세대	1900~1950년	■				−과학기술자 주도 −초보적 관리
제2세대	1950~1980년	■				−프로젝트 관리기법 이용 −개별 프로젝트의 효율화 지향
제3세대	1980~1990년대 중반	■	■	■		−전사적 기술개발 −포트폴리오, 기술로드맵의 활용
제4세대	1990년대 중반 이후	■	■	■	■	−불연속적 혁신에 주목 −기업조직과 외부 시장의 통합

(자료: 정선양 2011, 321).

술개발이 추진되면서 연구개발 포트폴리오(R&D portfolio)와 기술로드맵(technology road-map) 등과 같은 방법이 활용되었다. 제4세대에서는 기업 내부의 다양한 조직은 물론 기업 외부의 고객이 참여하는 기술개발이 추진되고 있으며, 연속적 혁신을 넘어 불연속적 혁신을 창출하는 데 주의를 기울이고 있다. 2006년에 있었던 한국산업기술진흥협회의 조사에 따르면, 기술연구소를 보유한 우리나라 기업의 연구개발관리는 평균 2.6세대이며, 연구개발투자 상위 20대 기업은 3.3세대에 해당하는 것으로 분석되었다.

기술의 사이클

—   다시 기술혁신 모형에 대한 논의로 돌아가자. 앞서 살펴본 기술혁신 모형이 특정한 기술혁신이 이루어지는 과정에 주목하였다면, 지금부터 논의할 기술혁신 모형은 기술의 수명주기(life cycle)를 고려한 동태적 모형에 해당한다.

기술의 수명주기에 대한 가장 간단한 모형은 S-곡선(S-curve)으로 표현된다. 그것은 시간과 노력이 투입된 정도에 따라 기술의 수준이 S자 곡선의 모양을 그리면서 변화한다는 점에 주목하고 있다. 즉 처음에는 기술 수준이 느리게 향상되지만 해당 기술에 대한 이해가 충분해지면 그 기술이 급속도로 발전하다가 결국에는 한계점에 도달한다는 것이다. 이보다 약간 복잡한 것으로는 이중 S-곡선(double S-curve)에 관한 논의를 들 수 있

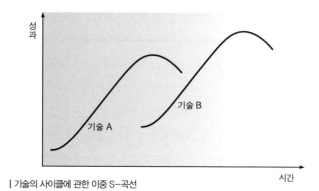

| 기술의 사이클에 관한 이중 S-곡선

다. 그것은 기존 기술이 한계에 부딪히거나 새로운 기술에 가속도가 붙으면, 기존 기술에서 새로운 기술에 대한 투자가 기존 기술에 대한 투자보다 훨씬 높게 나타난다는 점에 주목하고 있다. 여기에서 새로운 기술은 이미 수준이 높은 지점에서 출발하기 때문에 과거의 기술보다 더 많은 성과를 내는 경향을 보인다 (Foster 1986).

S-곡선은 기술확산에 대한 논의에도 적용될 수 있다. 1962년에 초판이 발간된 『혁신의 확산(*Diffusion of Innovations*)』에서 로저스(Everett M. Rogers)는 수용자 집단에 따른 기술확산 모형을 제안하였다. 그것은 수용자 집단을 혁신자(innovators), 선도 수용자(early adopters), 전기 다수 수용자(early majority), 후기 다수 수용자(late majority), 지각 수용자(laggards)로 구분하고 있는데, 각 집단이 시장에서 차지하는 비중은 각각 2.5%, 13.5%, 34%, 34%, 16%로 집계되고 있다. 이 중에서 로저스가 주목하는 집단은

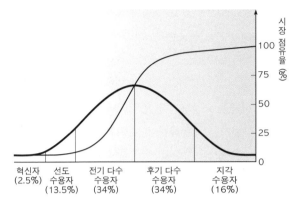

| 수용자 집단에 따른 기술확산의 모형

선도 수용자인데, 그들은 새로운 기술을 널리 선전하는 전도사의 역할을 담당하고 있다. 이상과 같은 수용자 집단을 누적해서 표현하면 S-곡선으로 나타나고, 각 집단이 시장에서 차지하는 비중을 고려하면 전형적인 벨 모양의 곡선을 그리게 된다.[15]

　기술의 수명주기를 고려한 기술혁신 모형으로 가장 널리 거론되고 있는 것으로는 어터백(James M. Utterback) 등이 제안한 제

15　여기에서 주목할 것은 선도 수용자에 대해서는 성공적이었던 마케팅이 전기 다수 수용자로 넘어가면서 어려워지는 경우가 종종 발생한다는 점이다. 무어(Geoffrey A. Moore)는 이러한 현상을 '캐즘(chasm)'이라고 불렀는데, 원래 캐즘은 지각변동으로 인해 지층 사이에 큰 틈이 생겨 서로 단절되는 것을 의미한다. 이에 대한 대책으로 그는 '볼링 앨리(bowling alley)'라는 전략을 제안하고 있다. 볼링 게임과 마찬가지로 선두의 핀을 정확히 공략함으로써 자연스럽게 주위의 핀들을 넘어뜨려야 한다는 것이다. 즉 목표로 하는 세부시장을 설정한 후 해당 수요자들이 가지고 있는 문제점을 파악하고 그 해결책을 제시함으로써 다수의 잠재적 수요자들을 실제적인 고객으로 유인해야 한다(Moore 1991).

품혁신과 공정혁신에 관한 동태적 모형을 들 수 있다(Utterback and Abernathy 1975 ; Utterback 1994). 그들은 선진국에서의 기술수명 주기를 유동기(fluid phase), 과도기(transitional phase), 경화기(specific phase)의 세 단계로 구분한 후 각 단계별로 제품혁신과 공정혁신의 상대적 비중을 고찰하였다. 먼저 새로운 기술이 출현하는 유동기에는 급진적인 제품혁신이 이루어지며 개선의 여지가 많고, 따라서 신뢰성이 낮다. 이 시기에는 기술에 기반을 둔 신생기업의 창업을 통해 새로운 산업이 형성된다. 과도기에 이르면 새로운 기술이 안정화되면서 지배적 설계(dominant design)가 확립되고, 가격경쟁으로 돌입하게 되면서 제품혁신보다는 공정혁신이 매우 활발해진다. 이 시기에는 기술주도형 신생기업보다는 생산능력이나 마케팅능력이 우수한 대기업이 상대적인 이점을 갖게 된다. 이 단계가 심화되면 제품의 표준화가 상당히 진전되어 제품혁신은 거의 일어나지 않고 공정혁신도 점차 감

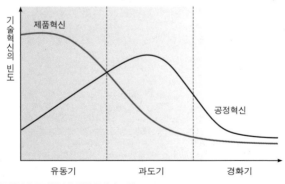

| 제품혁신과 공정혁신에 관한 동태적 모형

소하는 경화기로 넘어간다. 경화기에는 시장이 성숙하여 많은 이윤을 획득하는 것이 어려워지고 기술 자체도 선진국에서는 진부해지기 때문에 제조원가가 저렴한 후발국으로 생산기지가 이전된다.

이러한 모형은 시간적 변화에 따라 산업 내에서 또는 그 산업에 속한 기업 내에서 이루어지는 기술혁신의 역동적 과정을 설명하고 있다. 문제는 그러한 시간적 변화를 어떤 측면에서 볼 것인가 하는 점인데, 어터백은 제품, 공정, 조직, 시장, 경쟁의 5가지 측면을 선택하였다. ① 제품: 높은 다양성을 가진 제품에서 지배적 제품으로, 그리고 점진적 혁신에 입각한 표준화된 제품으로 변화한다. ② 공정: 숙련공과 범용 설비에 의존하는 형태에서 미숙련공도 다룰 수 있는 전문화된 설비에 의존하는 형태로 변화한다. ③ 조직: 창업가적이고 유기적인 조직에서 정형화된 과업과 절차를 지닌 위계적이고 기계적인 조직으로 변화한다. ④ 시장: 다양한 제품과 피드백이 빠르고 불안정한 시장에서 일용품과 비차별적인 시장으로 변화한다. ⑤ 경쟁: 독특한 제품을 생산하는 많은 중소기업에서 유사한 제품을 가진 기업들의 과점 상태로 변화한다(Utterback 1997, 128). 여기에서 제품과 공정은 기술혁신의 내용, 조직은 기술혁신의 주체, 시장과 경쟁은 기술혁신의 환경으로 볼 수 있다.[16]

---

16 어터백은 기술혁신의 시간적 변화에 산업별로 차이가 있다는 점에 대해서는 크게 주목하지 않았다. 그는 조립제품 부문과 비조립제품 부문의 기술수명주기에 약간의 차이가 있긴 하지만 전체적으로는 66쪽의 그림과 유사한 형태를 보인다고 지적하는 것으로 그쳤다(Utterback 1997, 175).

어터백 등의 논의는 후발국의 기술발전 모형을 도출하는 출발점으로 작용할 수 있다. 후발국의 경우에는 선진국과는 반대로 경화기, 과도기, 유동기의 순서로 기술발전이 진행된다. 이러한 점에 착안하여 우리나라에서 기술혁신학이 정착하는 데 크게 기여한 김인수와 이진주는 개발도상국 또는 한국의 기술발전 단계를 규명하기 위한 노력을 기울여 왔다. 김인수는 1980년에 선진국의 기술궤적과 개발도상국의 기술궤적 사이에 창출되는 동태적인 기술환경에 주목하면서 개발도상국에서는 외국 기술의 획득(acquisition), 소화(absorption), 개선(improvement)이라는 과정을 통해 기술변화가 일어난다는 점을 지적하였다(Kim 1980). 이진주 등은 1988년에 기술, 기업, 산업, 국가, 세계 등의 다차원적 시각에서 도입기술의 수준, 기술획득의 방법, 기술습득의 내용, 기술활동의 성격 등을 고려하여 개발도상국의 기술발전 과정을 도입(introduction), 내재화(internalization), 창출(creation)의 세 단계로 규정하였다(Lee et al. 1988). 이어 김인수는 1997년에 획득, 소화, 개선 이외에 창출(creation)의 단계를 추가하였고, 1999년에는 기술궤적, 흡수능력, 기술이전, 위기조성, 동태적 학습 등을 고려하여 한국의 기술발전 단계를 복제적 모방(duplicative imitation), 창조적 모방(creative imitation), 혁신(innovation)으로 재구성하였다(Kim 1997: 1999).

흥미로운 점은 한국 기업이 기술 활동의 성격과 내용을 동시에 변화시키면서 기술능력을 압축적으로 발전시켜 왔다는 점이다. 한국 기업은 계속해서 성숙기 기술을 대상으로 기술 활동

| 한국 기업의 압축적 기술발전에 관한 개념도 |

기술의 수명주기 \ 기술활동의 성격	기술습득	기술추격	기술창출
유동기(A)	A1	A2	A3
과도기(B)	B1	B2	B3
성숙기(C)	C1	C2	C3

(자료: 송성수 2013, 100).

을 전개해 오지 않았으며, 해당 기술의 수명주기가 성숙기, 과도기, 유동기로 선진화되는 것과 기술 활동의 성격이 습득, 추격, 창출로 발전하는 것이 동시에 이루어졌던 것이다. 이러한 점을 고려할 때, 한국 기업이 압축적으로 기술능력을 발전시켜 온 과정의 요체는 성숙기 기술의 습득, 과도기 기술의 추격, 유동기 기술의 창출로 개념화할 수 있을 것이다.[17]

기술혁신과 관련된 동태적 모형의 또 다른 예로는 앤더슨(Philip Anderson)과 투쉬먼(Michael L. Tushman)의 기술변화에 관한 순환 모형을 들 수 있다(Anderson and Tushman 1990). 그 모형은 진화론에 대한 유비를 통해 다음과 같은 순환적인 네 단계로 기술변화의 과정을 설명하고 있다. ① 기술변화는 기술적 불연속성(technological discontinuity)에 의해 변이가 발생함으로써 시작된다.

---

17 우리나라 주요 산업 또는 기업의 기술발전 과정에 대해서는 Kim(1997); 이근 외 (1997); 송성수(2013)를 참조할 것.

② 새롭게 등장한 기술들은 배양기(era of ferment)를 거치면서 기존의 기술을 대체하면서 서로 경쟁한다. ③ 그중에서 시장이라는 외부 환경에 가장 잘 적응한 기술이 지배적 설계로 선택된다. ④ 그 다음에는 점진적 변화의 시기(era of incremental change)가 도래하여 선택된 기술이 보존되는 가운데 더욱 정교화된다. 특히 이 모형은 지배적 설계로 선택된 기술이 최초에 불연속적으로 출현하였던 것과는 같은 형태를 띠지 않으며, 반드시 최고의 기술이 지배적 설계가 되는 것도 아니라는 점을 강조하고 있다.

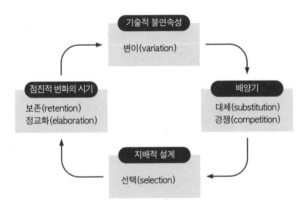

| 기술변화에 관한 순환 모형

QWERTY의 경제학

반드시 최고의 기술이 지배적 설계가 되지 않는다는 점은 키보드의 역사를 통해 잘 알 수 있다(Utterback 1997, 29~31; Schilling 2005, 106~107). 1867년에 숄즈(Christopher Sholes)는 기계식 타자기의 키들이 서로 엉키지 않도록 하기 위하여 QWERTY로 시작되는 키보드를 설계하였다. 그것은 키의 고장률을 낮추는 효과를 가지고 있었지만, 타이핑의 속도가 느리고 피로도가 증가하는 단점을 안고 있었다. 이러한 단점을 보완하기 위하여 1932년에 드보락(August Dvorak)은 가장 많이 사용하는 철자를 가운데에 배치하면서도 양쪽 손을 번갈아 사용할 수 있는 새로운 키보드를 개발하였는데, 이미 오랫동안 QWERTY 자판에 익숙해져 있었던 사람들은 새로운 자판으로 전환하는 것을 꺼려하였다. 심지어 기계식 타자기가 전자식 타자로 전환되어 키가 엉키는 일이 발생하지 않는데도 QWERTY 자판은 계속해서 지배적 설계로 군림하였다. 이에 대해 드보락은 비통하게 죽어가면서 다음과 같이 말하였다고 한다. "나는 인류를 위한 가치 있는 무언가를 위해 노력하는 데 지쳤다. 그들은 어리석게도 변화를 원하지 않는다." 이러한 키보드의 사례는 고착효과(lock-in effect) 또는 경로의존성(path-dependence)과 같은 개념으로 해석되고 있다.

기술혁신의 패턴

지금까지 논의한 기술혁신의 모형에 대해서도 한 가지 의문점을 제기할 수 있다. 기술혁신이 이루어지는 방식은 산업이나 기업에 따라 상당한 차이가 있을 수 있는데, 기존의 모형은 이러한 점을 충분히 감안하지 않고 있다는 것이다. 이러한 문제의식을 바탕으로 파빗(Keith Pavitt)은 각 산업부문이나 기업군에 따라 기술혁신의 패턴에 차이가 있으며, 이를 감안한 기술혁신전략이 중요하다는 점을 강조하였다 (Pavitt 1984). 파빗이 논의한 주제는 부문별 또는 산업별 기술혁신패턴(sectoral patterns of innovation)으로 불리고 있다.

파빗은 1945년부터 1975년까지 영국에서 일어난 2,000여 건의 기술혁신에 관한 자료를 분석한 후, 이를 바탕으로 정형화된 사실(stylized facts)을 도출하여 기술혁신의 패턴에 대해 논의하였다. 그는 각 산업을 주도하는 기업의 규모는 어떠한가? 해당 기업은 제품혁신과 공정혁신 중에 어디에 초점을 두는가? 소비자들은 가격에 민감한가 아니면 성능을 중시하는가? 연구개발, 생산, 마케팅 중 어느 것이 기술혁신의 주요한 원천인가? 해당 기업은 기술혁신의 결과를 전유하기 위해 어떤 수단에 의존하는가? 등과 같은 기준에 따라 기술혁신패턴이 각기 다른 양상을 보인다고 지적하였다. 이러한 차이점을 바탕으로 파빗은 산업부문 또는 기업군의 유형을 공급자지배산업(supplier-dominated firms), 규모집약산업(scale-intensive firms), 전문공급자(specialized suppliers), 과학기반산업(science-based firms)으로 분류하고 있다.

| 파빗의 기술혁신패턴에 관한 분류 |

구분	공급자지배	규모집약	전문공급자	과학기반
주요 영역	농업, 섬유, 전통적 서비스	철강, 자동차, 소비내구재	공작기계, 정밀기기, 소프트웨어	전자, 화학, 생명공학
사용자 특징	가격에 민감	가격에 민감	성능에 민감	혼합
혁신의 초점	공정혁신	공정혁신	제품혁신	혼합
기술의 원천	설비/원재료 공급자	생산/엔지니어링, 내부 연구개발	설계, 사용자와의 관계	내부 연구개발, 생산/엔지니어링
기술의 보호	상표, 광고 등 비(非)기술적 요소	규모의 경제, 공정 노하우	설계 노하우, 사용자의 지식	리드 타임, 학습경제
기업의 규모	중소기업	대기업	중소기업	대기업, 벤처기업

(자료: Pavitt 1984, 354).

이후에 파빗은 이와 같은 네 가지 유형에 정보집약산업 (information-intensive firms)을 추가하였는데, 금융, 소매, 출판, 여행 등과 같은 서비스 부문이 여기에 해당한다. 이러한 산업은 이전부터 존재해 왔지만 정보기술의 활용을 매개로 기술혁신에 점점 더 많은 관심을 기울이고 있다. 정보집약산업에 속한 기업의 기술혁신은 정보를 효율적으로 처리하기 위해 복잡한 시스템을 설계하고 운영하는 경로를 밟게 된다. 이러한 정보처리시스템을 통해 소비자의 요구에 더욱 민감하게 반응하는 서비스나 제품을 개발하여 제공하는 것이 기술혁신의 목적이다.

정보집약산업의 경우에는 소프트웨어 또는 시스템을 공급하는 집단과 해당 기업 내에서 이를 활용하는 부서가 기술혁신의 중요한 주체가 된다(Tidd et al. 2005, 171~174).

이처럼 파빗은 기술혁신에 대한 논의에서 새로운 지평을 열었지만 산업별 기술혁신패턴을 분류하는 데 그쳤고, 왜 산업별 차이가 발생하는지에 대해서는 본격적으로 다루지 않았다. 이에 대하여 말레바(Franco Malerba) 등은 혁신 활동의 특성이 산업별로 다르게 나타나는 원인을 '기술체제(technological regime)'라는 개념으로 설명하려고 하였다(Malerba and Orsenigo 1997; Malerba 2002; 이근 2007, 31~34). 기술체제란 혁신활동을 규정하는 기술적 환경으로서 혁신활동을 제약하거나 특정한 방향으로 이끄는 역할을 담당한다. 정치적 지배체제(political regime)에 따라 그 사회의 정치적 활동이 제약을 받듯이, 기술체제에 따라 기술혁신의 방향과 내용이 달라질 수 있다는 것이다.

말레바 등은 기술체제를 구성하는 요소로 기회 조건(opportunity conditions), 전유가능성 조건(appropriability conditions), 누적성 조건(cumulativeness conditions), 지식기반(knowledge base) 등을 들고 있다. 기회 조건이란 혁신활동에 자원을 투입하였을 때 혁신이 일어나기 용이한 정도를 가리킨다. 전유가능성은 혁신을 모방으로부터 방어하고 혁신활동에서 수익을 얻을 수 있는 가능성을 말한다. 누적성은 현재의 혁신과 혁신활동이 미래의 혁신에 토대가 되는 정도를 뜻한다. 지식기반은 지식의 성격과 지식이전의 수단에 의해 파악된다. 지식의 성격은 특수성, 암묵성, 복잡성, 상호의존성 등의 정도에 따라 달라지고, 지식이전의 수단은 직접적 접촉에서 라이센싱에 이르는 기술이전의 경로를 의미한다.

말레바 등은 이러한 기술체제가 산업별 혁신활동의 패턴을 결정한다고 보았다. 기술체제가 독립변수라면, 산업별 기술혁신패턴은 종속변수에 해당하는 것이다. 그들에 따르면, 산업별 기술혁신패턴은 혁신활동의 상위 기업 집중도, 혁신을 주도하는 기업의 규모, 혁신기업들 사이의 위계의 안정성, 새로운 혁신기업의 진입 용이성 등에서 차이를 보인다. 그리고 이러한 차이는 기술체제에 입각하여 인과적으로 설명될 수 있다. 예를 들어 기술적 기회가 높은 산업에서는 새로운 혁신기업의 진입이 용이하고 혁신기업들 간의 위계가 불안정할 것이다. 이에 반해 기술의 누적성이 높은 산업에서는 현재 혁신적인 기업들이 향후에도 혁신을 더 잘 할 것이므로 혁신기업들 간의 위계가 안정적으로 유지되고 새로운 혁신기업의 진입도 제한적일 것이다.

이근과 임채성은 이와 같은 산업별 기술혁신패턴에 대한 논의를 한국의 사례에 적용한 바 있다(Lee and Lim 2001; 이근 2007, 95~124). 그들에 따르면, 세계시장 점유율, 기술체제의 성격, 상대적인 추격의 정도 등을 감안할 때, 우리나라의 주요 산업의 기술추격패턴은 경로추종형 추격(path-following catch-up), 단계생략형 추격(stage-skipping catch-up), 경로개척형 추격(path-creating catch-up) 등과 같은 세 유형으로 구분할 수 있다. 경로추종형은 선발자의 경로를 그대로 따라가는 것으로 가전, 기계, 철강, 조선 산업 등이 여기에 해당한다. 단계생략형은 선발자의 경로 중 한두 단계를 뛰어넘는 것으로, 자동차 산업과 반도체 산업이 해당한다. 현대자동차는 엔진을 개발할 때 카뷰레터 방식을 건너뛰고 전자분사 방식으로 나아갔으며, 삼성전자는 D램 산업에 진출하면서 곧바로 64K D램에 도전하였다. 경로개척형은 CDMA와 같이 새로운 경로를 창출하여 선발자와 대등한 관계에서 경쟁하는 경우를 일컫는다.[18]

---

18 이러한 논의가 기술추격을 전제로 하고 있는 반면, 송위진(2010, 71~90)은 탈(脫)추격형(post catch-up) 기술혁신에 주목하고 있다. 그는 탈추격형 기술혁신의 유형으로 ① 기존 기술능력을 심화해서 새로운 궤적을 개척하는 기술심화형 혁신, ② 원천기술은 해외에 의존하지만 기존 기술을 새롭게 결합하여 선두그룹에 진입하는 탈추격형 아키텍처 혁신, ③ 선진국과 거의 같은 시기에 원천기술을 개발하여 새로운 산업을 형성하는 신기술기반형 혁신을 들고 있다.

4.

혁신체제론과의 만남

혁신체제론의 전개

— 　　　　　　시스템(system)이라는 개념은 원래 자연과학이나 공학에서 자주 사용되어 왔지만, 최근에는 사회과학에서도 널리 사용되고 있다. 시스템은 구성요소(element)에 대비되는 용어이다. 구성요소가 합쳐져서 시스템이 만들어지지만, 전체로서의 시스템은 부분으로서의 구성요소를 단순히 합친 것보다 더욱 큰 효과를 낸다. 이러한 시스템의 관점으로 기술혁신에 접근한 것이 바로 혁신체제론(innovation system theory)이다. 기존의 모형이나 이론이 기술혁신의 복잡성, 다양성, 역동성 등을 설명하는 데 한계를 보이면서 보다 포괄적이고 유연한 시스템의 관점에서 기술혁신에 접근하는 이론이 요구된 것이다(박용태 2007. 64). 혁신체제론은 1980~1990년대에 태동한

후 지금은 널리 수용된 이론에 해당하는데, 초창기의 혁신체제론을 주도한 연구자로는 프리만, 룬드발(Bengt-Åke Lundvall), 넬슨(Richard R. Nelson) 등을 들 수 있다(Freeman 1987: Lundvall 1992: Nelson 1993).

혁신체제라는 개념은 1970~1980년대 일본의 성공을 설명하는 과정에서 프리만이 본격적으로 제기하였다. 그는 일본이 다른 선진국에 비해 혁신자원의 양과 질에서 열위에 있었지만 혁신주체들의 긴밀한 상호작용을 촉진할 수 있는 제도상의 네트워크가 구성되어 있었기 때문에 높은 성과를 달성할 수 있었다고 주장하였다. 이러한 논의를 바탕으로 프리만은 혁신체제를 "새로운 기술을 획득, 개선, 확산하기 위하여 공공부문과 민간부문의 행위와 상호작용을 매개하는 제도들의 네트워크"라고 규정하고 있다(Freeman 1987, 1). 여기에서 그가 말하는 제도는 연구개발에 직접 관련되는 것뿐만 아니라 기업이나 국가 수준에서 가용한 자원들이 관리되고 조직되는 방식을 포함하는 개념에 해당한다.

프리만은 일본의 혁신체제를 분석하면서 정부의 정책, 연구개발 전략, 기업 내 제도, 기업 간 관계 등에 주목하였다. 정부의 정책에서는 통산성을 중심으로 한 일본 정부가 핵심 산업을 전략적으로 육성하는 것은 물론 기술혁신을 기획하고 추진하

---

19 이와 관련하여 존슨(Charlmers Johnson)은 1982년에 출간한 『통산성과 일본의 신화(MITI and Japanese Miracle)』에서 제2차 세계대전 후 일본의 고도성장에는 통산성에 의해 효과적으로 실행된 산업정책이 결정적인 역할을 담당하였다고 주장한 바 있다.

는 과정에도 적극적으로 개입하는 모습을 보였다.[19] 특히 일본 정부는 단순히 특정한 기업을 지원한 것이 아니라 경쟁기업 간의 네트워크를 구축하는 데 주의를 기울였으며, 이를 통해 공동 연구를 통한 협력과 제품생산에서의 경쟁을 조화시킬 수 있었다. 연구개발 전략과 관련하여 일본 기업은 도입된 기술과 내부의 역량을 적절히 결합하는 방식을 택하였다. 이러한 방식으로 일본은 선진 기술을 소화하고 개량함으로써 오히려 기술이전 국보다 더욱 많은 기술혁신을 성취하였는데, 이와 같은 일련의 점진적 혁신은 하나의 급진적 혁신보다 경제성장에 더욱 크게 기여한 것으로 평가되고 있다.

당시에 일본이 구축한 기업 내 제도로는 적기방식(JIT, just-in-time system)과 동시공학(concurrent engineering)을 들 수 있다. 적기 방식의 활용은 재고를 남기지 않기 위해 각 공정을 긴밀히 연계하는 것은 물론 불량품이 있으면 생산의 흐름을 중단함으로써 문제 해결을 강제하는 효과를 낳았다. 동시공학이란 연구 개발, 생산, 마케팅의 각 국면을 명확하게 구분하지 않고 서로 겹치게 하여 프로젝트를 추진하는 방식으로 이를 통해 시장성이 높은 기술을 개발하고 신기술을 신속하게 상업화할 수 있었다. 기업 간 관계와 관련하여 일본은 계열(系列, keiretsu)이라는 독특한 구조를 보유하고 있었다. 계열 구조에서는 소속 기업들이 상호지분 소유, 자금 신용거래, 임원 파견 등과 같은 전통적 관계 이외에도 모기업과 하청기업의 기술협력, 다른 업종들 간의 기술융합 등을 통하여 기술혁신에서 서로 보완적인 관계를

형성하였다.[20]

---

20 일본의 기업조직과 기술혁신에 대한 다양한 논점에 대해서는 이마이 겐이찌(1992)를 참조할 것.

프리만의 혁신체제에 대한 개념은 이 책의 2장에서 소개한 기술경제 패러다임 이론과 밀접히 연관되어 있다고 볼 수 있다 (Freeman and Perez 1988). 요컨대 프리만의 혁신체제는 기술경제 패러다임 이론에서 거론되는 사회제도적 틀과 유사한 성격을 띠고 있다. 그것은 혁신체제가 기술경제 패러다임과 조응할 때에만 기술이 효과적으로 창출, 소화, 흡수, 개량되며 결국 경제성장으로 연결될 수 있다는 것을 의미한다. 이러한 관점에서 보았을 때, 일본의 급속한 발전은 제5차 장기파동이 근거하고 있는 정보기술 패러다임과 정합하는 혁신체제가 일본 사회에 형성되었기 때문에 가능하였던 것으로 평가할 수 있다.

주로 일본의 급속한 성장을 설명하기 위하여 출현한 혁신체제론은 다른 국가들에 대한 연구에도 적용되었다. 예를 들어 파빗 등은 독일-영국, 일본-미국, 스웨덴-영국으로 세 개의 짝을 지은 후, 전자에 속한 국가의 혁신체제를 역동적 체제(dynamic system), 후자에 속한 국가의 혁신체제를 정체적 체제(myopic system)로 분류하였다(Pavitt and Patel 1988: 이공래 2000, 156~157). 그들에 의하면, 역동적 체제를 갖는 국가는 정체적 체제를 갖는 국가에 비해 다음과 같은 특징을 보이고 있다. ① 금융기관은 단기적인 이익을 넘어 장기적인 안목에서 기업에 대한 금융지원을 수행하였다. ② 과학기술자들이 기업의 경영진이나 임원직에서 차지하는 비중이 높았다. ③ 근로자들의 교육훈련에 대한 수준이 비교적 높았다. ④ 기업의 연구개발 투자율과 지적재산권 보유율이 높았다. ⑤ 기업이 새로운 시장을 개척하기 위해 기술적 잠재력을 확보하고 조직을 혁신하는 데 보다 유연한 자세를 취하였다. ⑥ 특정 기술의 전문화에 있어서 기업은 이미 축적한 비교우위의 기술을 활발하게 활용하였다.

넬슨은 1993년에 편집한 『국가혁신체제의 비교분석』에서 '국가혁신체제(NIS, national innovation systems)'라는 용어를 명시적으로 사용하였다. 넬슨 등은 국가혁신체제를 "기술혁신의 성과에 영향을 미치면서 주된 역할을 수행하는 제도적 행위자들의 집합"으로 규정하였다(Nelson 1993, 4~5). 이어 그들은 혁신활동이 비교적 활발한 자본주의 국가를 대규모 고소득 국가(large high-income countries), 소규모 고소득 국가(smaller high-income countries), 저소득 국가(lower income countries)의 세 그룹으로 구분한 후 해당 그룹의 국가혁신체제가 가진 특징을 비교하였다. 넬슨 등에 의하면, 대규모 고소득 국가는 연구개발집약적 산업이 국민 경제에서 차지하는 비중이 크고, 소규모 고소득 국가는 자연자원을 적극적으로 활용하여 생활의 질을 향상시키는 데 초점을 두고 있으며, 저소득 국가는 정부의 강력한 개입을 바탕으로 수출지향적 산업구조를 가지는 경향을 가지고 있다. 여기에서 대규모 고소득 국가에는 미국, 일본, 독일, 영국, 프랑스, 이탈리아 등이, 소규모 고소득 국가에는 덴마크, 스웨덴, 캐나다, 호주 등이, 저소득 국가에는 한국, 타이완, 브라질, 아르헨티나, 이스라엘 등이 포함된다.

넬슨 자신도 인정하고 있듯이, 이러한 유형화가 완벽한 것은 아니다. 예를 들어 일본은 첫 번째 그룹(대규모 고소득 국가)에 속한 것으로 분류되고 있지만 세 번째 그룹(저소득 국가)에 못지 않게 정부가 중요한 역할을 담당하고 있다. 이와 함께 각 국가 의 혁신체제가 갖는 연속성은 위에서 분류한 그룹보다는 각국 의 역사적 유산에 따라 달라지는 경향도 발견할 수 있다. 이와 관련하여 송위진(2010, 18~20)은 자본주의를 자유시장경제(liberal market economy)와 조정시장경제(coordinated market economy)로 분류 한 비교자본주의에 대한 논의를 바탕으로 국가혁신체제의 유 형을 영국·미국형 혁신체제와 독일·일본형 혁신체제로 구분 하고 있다. 전자는 과학연구에 입각한 급진적 혁신에 적합하고 인력과 자금 공급의 유연성을 필요로 하는 반면, 후자는 현장의

| 영국·미국형 혁신체제와 독일·일본형 혁신체제의 비교 |

	영국·미국형 혁신체제	독일·일본형 혁신체제
기술혁신의 성격과 지적재산권 체제	− 연구에 기반한 혁신이 중요하며 주로 급진적 혁신에 초점 − 특허체제를 중심으로 한 기술혁신 결과의 전유 − 기초연구에 대한 지적재산권의 강화	− 개발에 기반한 혁신이 중요하며 점진적 혁신에 초점 − 지적재산권보다는 기업비밀 유지나 보완적 자산이 중요 − 기초연구를 개방하여 공공재로 활용
교육, 노사관계, 노동시장	− 혁신 활동에 필요한 전문성을 지닌 인력들이 유연하게 공급되는 외부노동시장의 발전	− 기업 내부에서 축적된 능력을 바탕으로 한 내부노동시장의 발전
기업지배구조와 금융시스템	− 주주에 의한 통제가 강하여 외부자(outsider)에 의한 의사결정이 중요 − 자본시장 중심의 혁신자금 조달	− 노동조합과 같은 내부자(insider)와 금융기관의 역할이 중요 − 주거래은행을 통한 혁신자금 조달
주요 산업	− 정보통신산업 − 생명공학산업	− 규모집약형 산업(자동차 등) − 전문공급자 산업(공작기계 등)

(자료: 송위진 2010, 19).

노하우에 기반한 점진적 혁신에 적합하고 내부 노동시장과 장기거래 관계를 활용하는 특징을 가지고 있다. 이러한 두 유형은 이념형(ideal type)에 해당하는 것이며, 현실에 존재하는 각국의 혁신체제는 이 양극단의 중간에 위치하게 된다.

이처럼 국가별 혁신체제의 특성을 탐구하는 작업과 함께 혁신체제론을 이론적으로 정교화하려는 시도도 있었다. 대표적인 예로, 룬드발은 1992년에 편집한 『국가혁신체제』에서 '사용자-생산자 관계(user-producer relationships)'를 중심으로 혁신체제론을 이론적으로 종합하고자 하였다. 그는 혁신이 사용자의 필요, 기술적 기회, 생산자의 능력이 서로 충돌하는 과정에서 창출되며, 사용자-생산자 관계를 조직화하여 혁신의 불확실성을 낮추는 것이 중요하다고 간주하였다. 사용자-생산자 관계의 주요 기능으로는 ① 효율적인 의사소통과 질적인 정보의 전달, ② 문제점 해결 및 혁신의 활용에 대한 직접적 협력, ③ 상호신뢰에 입각한 거래비용(transaction cost)의 감소 등을 들 수 있다. 여기에서 사용자와 생산자가 특정한 주체 또는 조직으로 고정되지는 않으며, 대학, 공공연구기관, 기업 등의 혁신주체는 경우에 따라 혁신의 생산자가 될 수도 있고 사용자가 될 수도 있다. 또한 각 경우에 형성된 사용자-생산자 관계는 일종의 위계질서를 내포하고 있기 때문에 권력을 많이 가진 주체의 목적에 따라 혁신의 방향이 달라지는 경향이 있다.

룬드발은 사용자-생산자 관계가 통합적으로 조직된 시장(organized market)을 국가로 상정하면서 국가혁신체제의 개념에 접근하고 있다. 그는 사용자-생산자 관계의 공간적인 측면을 경제적 공간, 조직적 공간, 지정학적 공간, 문화적 공간으로 나누어 분석하면서, 특히 혁신을 둘러싸고 중요하게 대두되는 상호작용적 학습(interactive learning)에서 문화적 공간이 중요한 역할을 담당한다는 점을 강조하였다. 이어 룬드발은 이러한 네 가지 공간적 차원들은 서로 보완적인 관계를 형성하고 있으며, 국가에 따라 각 공간의 통합 정도가 두드러진 차이를 보인다고 지적하였다. 이러한 논의를 바탕으로 그는 국가혁신체제를 다양한 사용자와 생산자의 "탐색, 탐구, 학습에 영향을 미치는 제도적 구성"으로 규정하고 있다(Lundvall 1992, 12). 즉 국가혁신체제는 한 국가 내의 다양한 혁신의 사용자와 생산자가 긴밀한 상호작용적 학습을 통해 국가경쟁력의 제고를 가져오게 하는 제도적 구성에 해당하는 것이다.[21]

1990년대 중반 이후에는 다양한 이론적·정책적 이슈를 매개로 혁신체제에 대한 논의를 정교화하는 작업이 이루어졌다 (OECD 1999; 송위진 2006, 15~39). 이를 종합하여 혁신체제론의 기본적인 관점을 정리하면 다음과 같다. 첫째, 혁신은 특이한 현상이 아니라 일상적으로 발생하며 어디에나 편재(ubiquitous)한다. 둘째, 혁신주체는 불완전한 정보를 바탕으로 불확실한 상황에서 의사를 결정하는 제한된 합리성(bounded rationality)을 가진 존재이다. 셋째, 혁신은 개별 주체에 의해 수행되는 것이 아

---

21 룬드발의 혁신체제론에 대한 보다 자세한 소개는 정선양(2006, 172~178)을 참조할 것.

니라 다양한 주체들의 상호작용을 통해 이루어진다. 넷째, 혁신은 관련 주체들이 공유하는 루틴(routine)을 매개로 제도화된 패턴을 따라 이루어진다. 다섯째, 혁신체제의 성공 여부는 기존의 자원과 루틴을 통합하여 새로운 자원과 루틴을 형성하는 혁신능력(innovating capabilities)에 달려 있다. 여섯째, 혁신주체들의 상호작용적 학습을 통해 혁신능력이 향상되며, 이러한 학습을 촉진하는 제도적 구성이 중요하다.

국가혁신체제의 구성

— 그렇다면 국가혁신체제를 구성하는 요소에는 무엇이 있을까? 이에 대해서는 연구자에 따라 다양한 견해가 표출되고 있는데, 여기에서는 룬드발의 견해를 국가혁신체제의 구성에 대한 논의의 출발점으로 삼고자 한다. 그는 국가혁신체제의 주요 구성요소로 기업 내 조직, 기업 간 관계, 공공부문의 구성, 정부의 역할, 금융시장의 구조, 교육훈련제도 등을 들고 있다. 여기에서 공공부문은 다시 대학과 공공연구기관으로 나눌 수 있으며, 금융시장의 구조와 교육훈련제도는 혁신환경으로 포괄할 수 있다.

기업은 국가혁신체제를 구성하는 가장 핵심적인 요소로 간주되어 왔다. 오늘날의 대다수 기업은 연구개발 부문을 내부화하고 있지만, 기업 내부의 연구개발만으로 효과적인 혁신이 창출되기는 어렵다. 사슬연계 모형을 제안한 클라인과 로젠버그

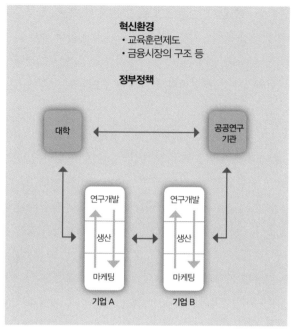

혁신환경
· 교육훈련제도
· 금융시장의 구조 등

정부정책

대학 ⟷ 공공연구기관

연구개발
생산
마케팅
기업 A

연구개발
생산
마케팅
기업 B

주: 기업 B는 경우에 따라 기업 A에 대한 사용자기업, 생산자기업, 경쟁기업일 수 있음.

| 국가혁신체제의 구성요소

가 지적하였듯이, 혁신이 제대로 이루어지기 위해서는 생산 부문 및 마케팅 부문에서 연구개발 부문으로 피드백하는 경로가 존재해야 하며, 기업 내부의 지식기반은 물론 기업 외부의 연구성과를 활용할 수 있어야 한다(Kline and Rosenberg 1986). 이와 관련하여 산업발전의 단계에 따라 네트워크 형성의 대상에 대한 강조점이 달라진다는 점에도 주의할 필요가 있다. 산업발전

의 단계를 혁신단계, 경쟁단계, 과점단계, 사양단계로 구분한다면, 혁신단계에서는 외부 혁신조직과의 비공식적 네트워크가, 경쟁단계에서는 장비생산자와의 공식적 관계가, 과점단계에서는 기업 내부의 노무부서와의 관계가 중요해질 수 있다(Lundvall 1992, 116~128).

대학은 혁신활동을 수행하는 과학기술자들을 교육시키고 혁신활동에 기초가 되는 지식을 생산하는 역할을 담당해 왔으며, 공공연구기관은 민간조직에서 수행하기 어려운 거대과학기술, 공공복지, 기술서비스 등과 관련된 연구를 통해 혁신활동에 참여해 왔다. 특히 대학 및 공공연구기관에서 이루어진 혁신 성과는 대체로 공공적 성격을 띠고 있기 때문에 다른 혁신주체들이 이를 자유롭게 활용할 수 있다는 점에서 그 파급효과가 크다. 최근에 들어올수록 대학과 기업의 관계는 더욱 긴밀해지는 경향을 보이고 있는데, 기업을 위한 위탁연구 수행, 기술이전 전담조직(TLO, technology licensing office) 설립, 과학기술단지(science and technology park) 조성 등이 대표적인 예라고 할 수 있다.[22]

정부는 ① 정부구매와 같은 기술혁신 사용자로서의 역할, ② 안전, 건강, 환경 등의 문제에 관한 기술혁신 규제자로서의 역할, ③ 연구개발의 수행, 기술인력의 배출 등과 같은 기술혁신 생산자로서의 역할을 담당해 왔다. 국가혁신체제에서 정부가 차지하는 위상은 자전거 경주의 보조조정자(pacer)에 비유할 수

---

22 '제2차 대학혁명'으로 불리는 대학의 새로운 패러다임에 대해서는 송성수(2011, 223~243)를 참조할 것.

있다. 즉 기술혁신에 대한 정부의 수요가 너무 앞서면 혁신주체의 능력과 연결되기 어렵고, 너무 뒤지면 혁신주체의 인센티브를 감소시켜 혁신이 지체될 수 있다. 따라서 정부는 각 혁신주체 간의 상호작용적 학습에 대한 올바른 이해를 바탕으로 최적의 보조조정을 수행해야 할 것이다(Lundvall 1992, 129~145).

기술혁신 활동에 대한 정부개입의 근거

기술혁신 활동에 대한 정부개입의 근거로 후생경제학은 시장실패(market failure)를 들고 있는 반면, 혁신체제론은 시스템 실패(system failure)에 주목하고 있다(송위진 2006, 22~27; 이장재 외 2011, 48~68). 시장실패에 대한 논의에 따르면, 기술혁신의 경우에는 사적 수익보다 사회적 수익이 크기 때문에 긍정적 외부효과(externality)를 가지고 있으며, 이를 시장에만 맡기다 보면 과소투자가 발생하게 된다. 또한 기술혁신에 필요한 지식기반이 공공재(public goods)의 성격을 띠는 경우가 많다는 점도 시장실패의 근거가 된다. 공공재는 여러 사람이 동시에 사용할 수 있는 비경합성(non-rivalry)과 특정한 사람의 사용을 배제하기 어려운 비배제성(non-excludability)을 가지고 있다. 이에 반해 혁신체제론은 기술혁신의 진화를 제약하거나 지체시키는 구조적 요인을 시스템 실패로 파악하고 있다. 시스템 실패의 유형으로는 ① 하부구조에 대한 투자가 부족하여 혁신활동이 제약되는 하부구조의 실패, ② 기존 지식을 벗어나 새로운

기술패러다임이 요구하는 지식을 획득하는 데 실패하는 이행의 실패,
③ 기존 기술과 제도의 특성으로 인해 새로운 기술혁신에 필요한 제도
의 정착이 제약되는 고착의 실패, ④ 각종 제도가 적절히 작동하지 않거
나 제도들 사이에 모순이 존재할 때 나타나는 제도의 실패 등이 거론되
고 있다. 이와 같은 시장실패 또는 시스템 실패를 근거로 정부가 기술혁
신 활동에 개입하게 되지만, 정부개입이 적절하지 못한 경우에는 정부
실패(government failure)가 나타날 수 있다는 점도 유의해야 한다.

금융시장의 구조는 혁신활동에 대한 투자의 규모와 패턴에
지대한 영향을 미친다. 사실상 기술혁신은 투자의 위험성이 높
은 영역으로, 연구개발 단계에서도 많은 투자가 요구될 뿐만 아
니라 상업화 단계에서는 더 많은 투자를 필요로 한다. 또한 세
계 어느 국가를 막론하고 민간부문의 혁신활동이 활발해지면
서 민간부문의 자금동원 구조가 국가혁신체제 전체의 성패와
직결되고 있다. 이와 함께 과학기술인력에 대한 교육훈련과 기
업 내 숙련형성의 구조도 혁신활동에 중요한 영향을 미치고 있
다. 특히 과거에는 신기술의 개발을 촉진하고 그것을 적절히 활
용할 수 있는 인력을 확보하는 문제가 중요하였지만, 최근에는
문제를 새롭게 정의할 수 있는 인력, 전략적 기획능력을 가진
인력, 다양한 분야의 통합적 지식을 지닌 인력의 중요성이 부각
되고 있다.

| 국가혁신체제의 하위시스템 |

지역 산업	지역 A	지역 B	지역 C		
산업 1	◇△▽○●	◇△▽○●	◇△▽○●	…	산업혁신 체제 1
산업 2	◇△▽○●	◇△▽○●	◇△▽○●	…	산업혁신 체제 2
산업 3	◇△▽○●	◇△▽○●	◇△▽○●	…	산업혁신 체제 3
⋮	⋮ 지역혁신체제 A	⋮ 지역혁신체제 B	⋮ 지역혁신체제 C		**국가혁신체제 (NIS)**

주: ◇ 기업, △ 대학, ▽ 공공연구기관, ○ 지방정부, ● 중앙정부.

(자료: 정선양 2006, 181).

국가혁신체제의 구성은 그것의 하위시스템을 통해서도 접근
될 수 있다. 국가혁신체제를 구성하는 하위시스템으로는 산업
혁신체제(SIS, sectoral innovation systems)와 지역혁신체제(RIS, regional
innovation systems)를 들 수 있다. 그것이 국가혁신체제의 단순한
구성요소가 아니라 하위시스템인 이유는 산업혁신체제와 지역
혁신체제도 기업, 대학, 공공연구기관 등과 같은 구성요소로 이
루어져 있기 때문이다.[23] 룬드발 식으로 표현한다면, 주요 산업

---

23 물론 기업이나 대학도 일종의 시스템으로 간주할 수 있다. 기업의 기술혁신에는 연구
    개발, 생산, 마케팅 부문이 모두 관여하기 때문에 기업혁신체제(corporate innovation
    system)라는 용어가 사용되기도 한다. 또한 과학지식이 창출, 확산, 활용되는 과정은
    대학이 중심이 되긴 하지만 다양한 주체와 하부구조가 필요하기 때문에 과학시스템
    (science system)의 성격을 띤다고 볼 수 있다.

이나 지역에도 혁신을 둘러싼 사용자-생산자 관계가 형성되어 있다고 볼 수 있는 것이다. 이러한 관계가 적절히 형성된 산업이나 지역은 높은 경쟁력을 가지고 있고, 그렇지 못한 산업이나 지역의 경쟁력은 낮을 것이다. 이와 같은 논의는 한 국가가 모든 산업과 지역에서 경쟁력을 가지지 못하는 이유를 설명해 주며, 반대로 산업혁신체제와 지역혁신체제를 잘 구축하면 국가 경쟁력이 강화될 수 있다는 점을 시사하고 있다. 즉 국가혁신체제를 하위시스템별로 분석하는 것은 한 국가에서 혁신활동이 강력한 부분과 취약한 부분을 구체적으로 도출함으로써 효과적인 국가혁신체제를 구축하는 데 중요한 판단기준을 제시할 수 있다.

그렇다고 이상과 같은 논의가 국가혁신체제의 모든 구성요소와 하위시스템을 포괄적으로 설명한다고 보기는 어렵다. 예를 들어 어떤 사람은 혁신환경으로 지적재산권 제도가 중요하다고 할 것이고, 또 어떤 사람은 혁신주체들 사이의 의사소통에 필요한 하부구조가 어느 정도 구축되어 있는가에 주목할 것이다. 혁신환경의 또 다른 구성요소로 시장을 추가할 수도 있으며, 그것은 제품과 서비스를 거래하는 생산물시장(product

---

24 이와 관련하여 유명한 기술사학자 휴즈(Thomas P. Hughes)가 제창한 기술시스템 (technological system) 이론에도 주목할 필요가 있다. 휴즈의 기술시스템은 물리적 인공물, 조직, 과학기반, 법적 장치, 자연자원 등으로 구성되며, 각 요소는 다른 요소들과 상호작용하면서 시스템 전체의 목표에 기여하게 된다. 기술시스템에 포함되지 않은 요소들은 주변 환경(surroundings)에 해당하는데, 기술시스템과 주변 환경은 정태적으로 분리된 것이 아니라 기술시스템이 진화하면서 주변 환경의 일부를 시스템의 구성요소로 포섭하기도 하며 반대로 시스템의 구성요소가 주변 환경으로 해체되기도 한다(Hughes 1987).

market)과 자본이나 노동을 거래하는 요소시장(factor market)으로 구분할 수 있다. 더 나아가 오늘날과 같이 세계화가 급속히 진전되고 있는 상황에서 국가 단위로 혁신체제를 구획하는 것에 이의를 제기하는 사람도 있을 것이다. 이것은 국가혁신체제의 구성이 다양한 형태로 제시될 수 있으며, 국가혁신체제가 역동적인 개방 시스템(open system)으로 간주되어야 한다는 점을 시사하고 있다.[24]

이러한 점을 고려하여 OECD는 여러 회원국들의 의견을 종

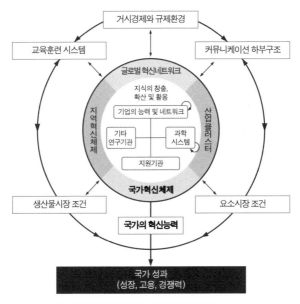

| OECD의 국가혁신체제에 대한 개념도 (자료: OECD 1999, 23).

합한 후 이전의 논의보다 훨씬 포괄적인 국가혁신체제의 개념
도를 제안하고 있다. 이에 따르면, 혁신은 지식의 창출, 확산 및
활용과 직결되어 있고, 국가혁신체제의 핵심적인 구성요소에
는 기업, 연구기관, 지원기관, 과학시스템이 있다. 국가혁신체
제는 산업 클러스터, 지역혁신체제, 글로벌 혁신네트워크(global
innovation networks) 등과 같이 산업, 지역, 세계의 차원과 연관되
어 있고, 혁신환경에는 거시경제와 규제환경, 교육훈련 시스템,
커뮤니케이션 하부구조(communication infrastructure), 요소시장 조
건, 제품시장 조건 등이 포함된다. 이러한 국가혁신체제의 구성
은 한 국가의 혁신능력을 규정하게 되며, 그것은 다시 성장, 고
용, 경쟁력 등에 대한 성과로 이어진다.

혁신체제론에 대한 평가

—   OECD에서 국가혁신체제에 대한
논의를 본격화한 것을 전후하여 많은 회원국들은 기술혁신과
관련된 정책을 분석하고 개선하기 위해 혁신체제라는 개념을
적극적으로 활용하기 시작하였다. 특히 혁신체제론은 오늘날
기술혁신과 과학기술정책에 대한 지배적인 패러다임이라고 해
도 과언이 아닐 정도로, 각국 정부는 혁신체제의 개념을 활용하
여 혁신활동의 현황과 특징을 파악하고 효과적인 정책대안을
모색하는 데 많은 주의를 기울이고 있다. 그것은 해당 국가에서
통계지표를 확보하기 위한 사업의 일환으로 혁신활동을 조사

하는 것을 넘어 각종 제도의 구성을 혁신활동과 관련시켜 논의하고 있다는 것을 의미한다.[25]

이와 관련하여 송위진(2006, 27~37)은 혁신체제론이 기존의 과학기술정책이 잘 포착하지 못하였던 주제를 부각시킨다는 점을 강조하고 있다. 첫째, 혁신체제론은 혁신자원의 투입에 관한 정책에서 혁신능력의 향상을 위한 정책으로 정책의 초점을 변화시키고 있다. 이러한 입장을 취하게 되면, 과학기술정책의 성격이 기술혁신과 관련된 자금, 인력, 정보 등과 같은 자원을 원활히 공급하는 것을 넘어서게 된다. 따라서 정부가 자원을 직접적으로 지원하는 것을 넘어 그러한 자원을 기업, 연구기관, 대학 등과 같은 혁신주체들이 효과적으로 활용할 수 있는 능력을 배양하는 것이 중요해진다. 혁신주체들에게 물고기를 직접 공급해 주는 것보다는 물고기를 잡는 법을 가르쳐 주는 것이 더 좋은 정책이 되는 셈이다. 특히 혁신능력이 열위에 있는 조직은 우위에 있는 조직과의 상호작용을 통해 문제점과 그 대안을 발견하고 집행하는 과정과 관련된 지식을 학습하는 것이 중요하다.

둘째, 혁신체제론은 기술혁신은 물론 정책혁신(policy innovation)도 그 대상으로 삼고 있다. 기술이 진화해 가는 것처럼 정책도 진화하고, 혁신주체들이 학습을 통해 기술혁신을 전개

---

25 우리나라의 경우에도 참여정부 시절에 국가혁신체제(NIS)의 구축이 과학기술정책의 핵심적인 의제로 다루어진 바 있다. 당시에는 NIS에 대한 번역어로 '국가혁신체제' 대신에 '국가기술혁신체계'가 사용되었는데, 사실상 NIS에 대한 번역어는 논의의 출발점을 어디에서 찾느냐에 따라 달라질 수 있다. 기술혁신에서 출발하여 국가 차원의 시스템으로 확장하면 국가혁신체제가 될 것이고, 국가의 전체적인 시스템에서 기술혁신에 대한 하위시스템을 고려하면 국가기술혁신체계가 되는 것이다.

하는 것처럼 정책결정자도 학습을 통해 정책혁신을 추구한다. 정책문제의 발견은 흔히 다른 국가와의 비교를 통해 이루어지는데, 이 경우에도 혁신체제의 관점이 필요하다. 다른 혁신체제와의 비교를 통해서 혁신체제를 구성하는 조직이나 제도가 없는 경우, 부적절하게 위치하는 경우, 연계가 부족한 경우 등을 발견할 수 있는 것이다. 더 나아가 혁신주체들이 네트워크를 형성하여 기술혁신활동을 수행하듯이, 정책주체들도 네트워크를 형성하여 정책혁신활동을 전개하게 된다. 혁신체제의 성격에 따라 기술혁신의 속도, 방향, 성과가 달라지는 것처럼, 정책혁신 네트워크의 성격에 따라 정책의 대상, 과정, 효과가 달라지는 것이다.

특히 송위진(2010, 27~29)은 혁신체제를 구성하는 제도들 사이에 보완성을 확보하기 위해서는 정책통합(policy integration)이 적극적으로 고려되어야 한다고 지적하고 있다. 이전에는 과학기술정책이 다른 정책과 별다른 연계 없이 기획되고 집행되었지만, 혁신체제론의 등장을 배경으로 과거에 무관하였던 정책들이 통합적으로 접근될 필요가 있다는 것이다. 한 분야에서 타당한 정책이 다른 분야에서는 부정적인 효과를 낳을 수도 있기 때문이다. 정책통합은 합의된 비전과 목표를 설정해서 분야별 정책들 사이의 연계성을 높이고 상승효과를 일으키기 위한 노력에 해당한다. 정책협력(policy cooperation)이나 정책조정(policy coordination)이 공통의 목표에 대한 설정 없이 정보를 교환하거나 갈등을 극복하는 것에 초점을 두고 있다면, 정책통합은 각

| 정책통합, 정책조정, 정책협력의 개념 |

	정책의 상호작용 정도	정책의 배열
정책협력	– 부문 간 정보교환과 의사소통	
정책조정	– 부문 간 정책협력과 함께 정책갈등을 극복하려는 노력을 수반 – 각 부문 정책이 공통의 목표를 가질 필요는 없음.	
정책통합	– 다른 정책 분야와의 연계를 통해 상승효과를 가져오기 위한 노력 – 정책형성을 위해 공통의 정책목표를 활용	

(자료: 송위진 2010, 212).

부처들이 수긍할 만한 공동의 목표와 지식기반을 형성한 후 해당 정책들을 같은 방향으로 배열하려는 일련의 과정에 주목하고 있다.

셋째, 혁신체제론은 시스템 전환에 대한 논점을 본격적으로 제기하고 있다. 시스템 전환에서는 어떻게 기존 상태에서 벗어나 새로운 시스템을 구축할 수 있는가, 그리고 시스템 전환은 어떤 단계나 과정을 통해 이루어질 수 있는가 등이 중요한 문제가 된다. 새로운 시스템을 구축하는 과정은 기존 지식과 제도의 재편을 요구하기 때문에 상당한 갈등이 발생할 수 있다. 이러한 상황에서 새로운 시스템을 구현하기 위해서는 소규모의 시범사업이나 정책실험을 추진할 필요가 있다. 이러한 방법의 장점으로는 기득권 집단의 문제제기를 비켜갈 수 있다는 점, 관련 변수들을 통제하는 것이 상대적으로 용이하다는 점, 향후 대규모 사업 추진시 감수해야 하는 불확실성을 낮출 수 있다는 점 등을 들 수 있다. 혁신체제의 전환은 필요성도 느끼고 능력도 갖춘 선도적 조직으로부터 시작되며, 필요성은 느끼지만 부분적 능력을 갖춘 모방적 조직이 가세한다. 이어 필요성도 느끼지 못하고 능력도 부족한 후진 조직이 동참하는 과정을 밟아 이루어진다. 이러한 단계를 밟아가는 동안 공공부문의 역할도 달라져야 하는데, 첫 번째 단계에서는 인센티브의 제공과 지식기반의 구축, 두 번째 단계에서는 지식의 공급과 수요의 창출, 세 번째 단계에서는 기술지원 서비스가 중요해진다.

1990년대 말부터는 우리나라의 혁신체제에 대해서도 전환의 필요성이 지속적으로 제기되어 왔다. 우리나라에서는 1970년대까지는 정부출연연구기관이 혁신주체로 부상하였으며, 1980년대에는 기업이, 1990년대부터는 대학이 주요한 혁신주체로 가세함으로써 혁신체제의 기본적인 골격이 완성되었다(송성수 2011, 120~135). 현재 우리나라의 혁신체제는 모방적·폐쇄적 성격을 띠고 있는 것으로 평가할 수 있는데, 향후에는 창조적·협동적 혁신체제로 전환되어야 한다. 구체적으로는 선진기술의 모방개량에서 핵심기술의 선도적 창출로, 단기적 문제의 해결에서 장기적 성장동력의 확보로, 혁신자원의 양적 확충에서 혁신자원의 질적 고도화로, 혁신주체의 개별적 육성에서 혁신

모방적·폐쇄적 혁신체제	➡	창조적·협동적 혁신체제
선진기술의 모방·개량		핵심기술의 선도적 창출
단기적 문제의 해결		장기적 성장동력의 확보
혁신자원의 양적 확충		혁신자원의 질적 고도화
혁신주체의 개별적 육성	➡	혁신주체의 연계 강화
국내 중심의 혁신활동		세계로 개방된 혁신활동
지역 간 불균형 성장		지역의 균형적 발전
과학기술의 발전을 위한 사회적 지원		사회문제의 해결을 위한 과학기술

| 한국 혁신체제의 전환에 대한 개념도

주체의 연계 강화로, 국내 중심의 혁신활동에서 세계로 개방된 혁신활동으로, 지역 간 불균형 성장에서 지역의 균형적 발전으로, 과학기술의 발전을 위한 사회적 지원에서 사회문제의 해결을 위한 과학기술로 전환되어야 하는 것이다. 특히 대기업과 중소기업의 동반 성장, 각 지역의 내생적 성장(endogenous growth) 촉진, 사회문제 해결에 대한 과학기술의 기여도 강화 등은 우리나라 혁신체제가 매우 취약한 지점으로 볼 수 있다.

이처럼 혁신체제론은 상당한 의의를 가지고 있지만 아직 혁신체제론을 완성된 이론으로 보기는 어렵다. 이와 관련하여 이

정동(2011, 107~109)은 혁신체제론에서 사용되는 주요 개념에 대한 정의가 모호한 상태로 남아 있다는 점과 실증분석을 위한 방법론이 충분히 발달되어 있지 않다는 점을 지적하고 있다. 사실상 혁신체제의 경계를 산업으로 할 것인지, 지역으로 할 것인지, 국가로 할 것인지 하는 문제에 대해서는 아직 명확한 해답이 주어져 있지 않다. 또한 기술혁신에 직간접적으로 영향을 미치는 모든 유무형의 제도를 고려하다 보면 한 국가 전체의 특징과 제도를 모두 논의해야 하며, 반대로 기술혁신과 직접적으로 관련된 제도만을 고려하게 되면 혁신과정이 가진 복잡한 양상을 표현하는 것이 거의 불가능하게 된다. 이와 같은 개념적 모호함과 더불어 혁신체제론은 최적 상태(optimal state)를 상정하지 않기 때문에 실증적 분석을 제약하는 경향을 보이고 있다. 혁신체제론은 혁신과정을 항상 변화하는 것으로 파악하고 있으며, 정지된 상태의 최적상태는 현실에 존재할 수 없는 이상에 불과하다고 본다. 이에 따라 혁신체제론에 대한 연구는 신고전파 경제학에서 발달된 실증적 분석을 어렵게 하며, 주로 벤치마킹을 통해 혁신체제 사이의 횡단면을 비교하거나 역사적 접근을 통해 혁신체제를 시계열적으로 비교하는 식으로 진행되는 경우가 많다.[26]

이와 함께 그동안의 혁신체제론에 대한 논의가 주로 경제적 측면에 국한되어 있다는 점도 지적되어야 할 것이다. 그것은 대

---

26 이와 관련하여 이석민(2008)은 혁신체제론을 바탕으로 미국과 독일의 과학기술정책이 진화해 온 과정을 분석하고 있다.

부분의 혁신체제론이 명시적이든 암묵적이든 국가경쟁력의 향상을 목표로 삼고 있다는 점에서 확인할 수 있다. 그러나 최근에 국가경쟁력뿐만 아니라 삶의 질 향상에 대한 관심과 요구가 본격화되면서 기술혁신의 사회적 측면을 고려한 종합적인 이론을 구상해야 할 지점에 이르렀다. 이에 대한 선구적인 시도로는 길스(Frank W. Geels)를 비롯한 네덜란드 연구자들이 중심이 되어 제안한 사회기술시스템(socio-technical system) 이론을 들 수 있다(Geels 2004). 사회기술시스템 이론은 혁신체제론과 유사하게 기술과 제도의 공진화에 주목하지만, 사회문제의 해결을 시스템의 일차적인 목표로 보면서 '지속가능성(sustainability)'과 같은 가치지향을 분명히 하는 특징을 보이고 있다. 사회기술시스템 이론이 제안하고 있는 기법이나 전략으로는 바람직한 미래를 먼저 설정한 뒤 이를 달성하기 위한 시나리오 및 방안을 강구하는 백캐스팅(backcasting)과 새로운 사회기술시스템의 맹아를 지닌 지점을 교두보로 삼아 기존의 시스템을 대체해 가는 전략적 틈새 관리(strategic niche management)를 들 수 있다(송위진·성지은 2013).

이와 같은 비판에도 불구하고 혁신체제론은 1980년대 이후 많은 연구가 축적되어 기술혁신의 여러 측면을 포괄적으로 설명하고 세계 각국의 과학기술정책을 뒷받침하는 핵심 이론으로 자리를 잡았다고 볼 수 있다. 특히 과학기술정책의 시야를 과학기술에 국한된 것이 아니라 과학기술과 관련된 경제활동과 사회제도로 넓힌 것은 혁신체제론의 중대한 기여에 해당한다. 물론 혁신체제론은 아직 이론적으로 치밀하지 못하고 앞으로 보완되어야 할 점도 많지만, 그것은 기술혁신이나 과학기술 정책이 복잡하고 다양한 성격을 띠고 있어서 하나의 이론으로 포착하기 어렵다는 점을 반증하는 것으로도 볼 수 있다.[27]

---

27 이와 관련하여 이원영(2008, 179~180)은 혁신체제론의 이론적 완성도가 떨어지는 이유는 "이론에 대한 연구가 부진하였기 때문이라기보다는 기술혁신의 속성이 워낙 복잡다기하기 때문인 것으로 판단된다."라고 전제한 후, "혁신체제론은 기술혁신과 관련된 모든 이론의 종합판이라고 할 수 있으며, 역설적이기는 하지만 이런 이유 때문에 [다양한] 혁신체제[들]을 통합하는 하나의 멋진 이론은 존재하지 않는다고 할 수 있다." 라고 평가하고 있다.

참고문헌

김정홍(2011), 『기술혁신의 경제학』 제4판, 시그마프레스.

김환석 · 홍성범 · 이영희(1992), 『세계경제의 장기파동과 신기술의 국제확산』, 한국과학기술연구원 정책기획본부.

박용태(2006), 『차세대 기술혁신을 위한 기술지식경영』, 생능출판사.

송성수(2004), "과학과 기술에 다가가기", 이필렬 외, 『과학, 우리 시대의 교양』, 세종서적, pp. 19~30.

송성수(2009), 『기술의 역사: 뗀석기에서 유전자 재조합까지』, 살림.

송성수(2011), 『과학기술과 사회의 접점을 찾아서: 과학기술학 탐구』, 한울.

송성수(2013), 『한국 기업의 기술혁신』, 생각의힘.

송위진(2006), 『기술혁신과 과학기술정책』, 르네상스.

송위진(2010), 『창조와 통합을 지향하는 과학기술혁신정책』, 한울.

송위진 · 성지은(2013), 『사회문제 해결을 위한 과학기술혁신정책』, 한울.

이공래(2000), 『기술혁신이론 개관』, 과학기술정책연구원.

이근(2007), 『동아시아와 기술추격의 경제학: 신슘페터주의적 접근』, 박영사.

이근 외(1997), 『한국 산업의 기술능력과 경쟁력』, 경문사.

이마이 겐이찌 편(1992), 김동열 옮김, 『기술혁신과 기업조직』, 비봉출판사.

이석민(2008), "국가혁신체제와 국가의 역할: 미국과 독일의 과학기술정책을 중심으로", 서울대학교 정치학과 박사학위논문.

이원영(2008), 『기술혁신의 경제학』, 생능출판사.

이장재 · 현병환 · 최영훈(2011), 『과학기술정책론』, 경문사.

이정동(2011), 『공학기술과 정책』, 지호.

이토 미쓰하루 외(2004), 민성원 옮김, 『조셉 슘페터: 고고한 경제학자』, 소화.

정선양(2006), 『기술과 경영』, 박영사.

정선양(2011), 『전략적 기술경영』 제3판, 박영사.

정재용 · 황혜란 · 이병헌(2006), 『공학기술과 경영』, 지호.

최경희 · 송성수(2011), 『과학기술로 세상 바로 읽기』, 북스힐.

홍성욱(1999), "과학과 기술의 상호작용: 지식으로서의 기술과 실천으로서의 과학", 『생산력과 문화로서의 과학기술』, 문학과 지성사, pp. 193~220.

홍성욱(2004), "현대 과학연구의 지형도: 미국의 대학, 기업, 정부를 중심으로", 『과학은 얼마나』, 서울대학교 출판부, pp. 145~189.

Anderson, P. and M. L. Tushman(1990), "Technological Discontinuities and Dominant Designs: A Cyclical Model of Technological Change", *Administrative Science Quarterly*, Vol. 35, No. 4, pp. 604~633.

Bassalla, G.(1988), *The Evolution of Technology*, 김동광 옮김(1996), 『기술의 진화』, 까치.

Boskin, M. J. and L. J. Lau(1992), "Capital, Technology and Economic Growth", N. Rosenberg, et al. (eds.), *Technology and the Wealth of Nations*, Stanford: Stanford University Press, pp. 17~56.

Chesbrough, H. W.(2003), *Open Innovation*, 김기협 옮김(2009), 『오픈 이노베이션』, 은행나무.

Christensen, C. M.(1997), *The Innovator's Dilemma*, 이진원 옮김(2009), 『혁신기업의 딜레마』, 세종서적.

Foster, R. N.(1986), Innovation: *The Attacker's Advantage*, New York: McKinsey.

Fransman, M.(1994), "The Japanese Innovation System: How It Works", *Prometheus: Critical Studies in Innovation*, Vol. 12, No. 1, pp. 36~45.

Freeman, C.(1987), *Technology and Economic Performance*, London: Pinter Publishers.

Freeman, C. and C. Perez(1988), "Structural Crisis of Adjustment: Business Cycles and Investment Behaviour", G. Dosi, et al. (eds.), *Technical Change and Economic Theory*, London: Pinter Publishers, pp. 38~66.

Geels, F.(2004), "From Sectoral Systems of Innovation to Socio-technical Systems: Insights about Dynamics and Change from Sociology and Institutional Theory", *Research Policy*, Vol. 33, No. 6, pp. 897~920.

Henderson, R. M. and K. B. Clark(1990), "Architectural Innovation: The Reconfiguration of Existing Product Technologies and the Failure of Established Firms", *Administrative Science Quarterly*, Vol. 35, No. 1, pp. 9~30.

Hess, D. J.(1997), *Science Studies: An Advanced Introduction*, 김환석 외 옮김 (2004), 『과학학의 이해』, 당대.

Hughes, T. P.(1987), "The Evolution of Large Technological Systems", W. E. Bijker, et al. (eds.), *The Social Construction of Technological Systems*, Cambridge, MA: MIT Press, pp. 51~82 [국역: "거대 기술시스템의 진화", 송성수 엮음, 『과학기술은 사회적으로 어떻게 구성되는가』 (새물결, 1999), pp. 123~172].

Kim, Linsu(1980), "Stages of Development of Industrial Technology in a

Developing Country: A Model", *Research Policy*, Vol. 9, No. 3, pp. 254~277.

Kim, Linsu(1997), *Imitation to Innovation: The Dynamics of Korea's Technological Learning*, 임윤철·이호선 옮김(2000), 『모방에서 혁신으로』, 시그마인사이트컴.

Kim, Linsu(1999), "Building Technological Capability for Industrialization: Analytical Frameworks and Korea's Experience", *Industrial and Corporate Change*, Vol. 8, No. 1, pp. 111~136.

Kline, S. and N. Rosenberg(1986), "An Overview of Innovation", R. Landau and N. Rosenberg (eds.), *The Positive Sum Strategy*, Washington, D.C.: National Academy Press, pp. 275~305 〔국역: "혁신 과정의 이해", 송성수 엮음, 『우리에게 기술이란 무엇인가: 기술론 입문』 (녹두, 1995), pp. 361~397〕.

Kranzberg, M.(1986), "Technology and History: Kranzberg's Law", *Technology and Culture*, Vol. 27, No. 3, pp. 544~560.

Kuhn, T. S.(1977), *The Essential Tension*, Chicago: University of Chicago Press.

Latour, B.(1987), *Science in Action*, Cambridge, MA: Harvard University Press.

Lee, Jinjoo, Zongtae Bae and Dongkyu Choi(1988), "Technology Development Process: A Model for a Developing Countries with a Global Perspective", *R&D Management*, Vol. 18, No. 3, pp. 235~250.

Lee, Keun and Chaisung Lim(2001), "Technological Regimes, Catching~up and Leapfrogging: Findings from the Korean Industries", *Research Policy*, Vol. 30, No. 3, pp. 459~483.

Leonard-Barton, D.(1992), "Core Capabilities and Core Rigidities: A Paradox in Managing New Product Development", *Strategic Management Journal*, Vol. 13, Special Issue, pp. 111~125.

Lundvall, B. ed.(1992), *National Systems of Innovation: Toward a Theory of Innovation and Interactive Learning*, London: Pinter Publishers.

Malerba, F.(2002), "Sectoral Systems of Innovation and Production", *Research Policy*, Vol. 31, No. 2, pp. 247~264.

Malerba, F. and L. Orsenigo(1997), "Technological Regimes and Sectoral Patterns of Innovative Activities", *Industrial and Corporate Change*, Vol. 6, No. 1, pp. 83~117.

Miles, I.(2005), "Innovation in Servies", J. Fagerberg, et al (eds.), *The Oxford Handbook of Innovation*, New York: Oxford University Press, pp. 433~458.

Nelson, R. ed.(1993), *National Innovation Systems: A Comparative Analysis*, Oxford: Oxford University Press.

Moore, G. A.(1991), *Crossing the Chasm*, 유승삼 · 김기원 옮김(2002), 『캐즘 마케팅』, 세종서적.

Nonaka, I.(1994), "A Dynamic Theory of Organizational Knowledge Creation", *Organization Science*, Vol. 5, No. 1, pp. 14~37.

Nonaka, I. and H. Takeuchi(1995), The *Knowledge-Creation Company*, 장은영 옮김(2002), 『지식창조기업』, 세종서적.

OECD(1992), *Technology and the Economy: The Key Relationships*, 이근 외 옮김(1995), 『과학과 기술의 경제학』, 경문사.

OECD(1999), *Managing National Innovation Systems*, Paris: OECD.

OECD(2002), *Frascati Manual: Proposed Standard Practice for Surveys on*

Research and Experimental Development, 6th ed., Paris: OECD.

OECD(2005), *Oslo Manual: Guidelines for Collecting and Interpreting Innovation Data*, 3rd ed., Paris: OECD.

Pavitt, K.(1984), "Sectoral Patterns of Technical Change: Towards a Taxonomy and a Theory", *Research Policy*, Vol. 13, No. 4, pp. 343~373.

Pavitt, K. and P. Patel(1988), "The International Distribution and Determinants of Technological Activities", *Oxford Review of Economic Policy*, Vol. 4, pp. 35~55.

Perez, C. and L. Soete(1988), "Catching up in Technology: Entry Barriers and Windows of Opportunity", G. Dosi, et al (eds.), *Technical Change and Economic Theory*, London: Pinter Publishers, 458~479.

Porter, M. E.(1990), *The Competitive Advantage of Nation*, 문휘창 옮김(2009), 『마이클 포터의 국가 경쟁우위』, 21세기북스.

Prahalad, C. K. and G. Hamel(1990), "The Core Competence of the Corporation", *Harvard Business Review*, Vol. 68, No. 3, pp. 79~87.

Rogers, E. M.(2003), *Diffusion of Innovations*, 5th ed., New York: Free Press.

Rosenberg, N.(1982), *Inside the Black Box: Technology and Economics*, 이근 외 옮김(2001), 『인사이드 더 블랙박스: 기술혁신과 경제적 분석』, 아카넷.

Rothwell, R. and W. Zegveld(1985), *Re-Industrialization and Technology*, Harlow: Longman.

Schilling, M. A.(2008), *Strategic Management of Technological Innovation*, 2nd ed., 김길선 옮김(2008), 『기술경영과 혁신전략』, 교보문고.

Stokes, D. E.(1997), *Pasteur's Quadrant: Basic Science and Technological Innovation*, 윤진효 외 옮김(2007), 『파스퇴르 쿼드런트』, 북앤월드.

Tidd, J., J. Bessant and K. Pavitt(2005), Managing Innovation: *Integrating Technological, Market and Organizational Change*, 3rd ed., Chichester: John Wiley & Sons.

von Hippel, E.(2005), *Democratizing Innovation*, 배성주 옮김(2012), 『소셜 이노베이션』, 디플BIZ.

Utterback, J. M. and W. J. Abernathy(1975), "A Dynamic Model of Process and Product Innovation", *Omega*, Vol. 3, No. 6, pp. 639~656.

Utterback, J. M.(1994), *Mastering the Dynamics of Innovation*, 김인수 외 옮김(1997), 『기술변화와 혁신전략』, 경문사.

기술혁신이란 무엇인가

1판 1쇄 펴냄 | 2014년 7월 30일

지은이 | 송성수
발행인 | 김병준
발행처 | 생각의힘

등록 | 2011. 10. 27. 제406-2011-000127호
주소 | 경기도 파주시 회동길 37-42 파주출판도시
전화 | 070-7096-1331
홈페이지 | www.tpbook.co.kr
티스토리 | tpbook.tistory.com

공급처 | 자유아카데미
전화 | 031-955-1321
팩스 | 031-955-1322
홈페이지 | www.freeaca.com

ISBN 979-11-85585-03-1 04500